MJ+SD
智能设计

AI商业案例实操

吴博雄　王大可　李超　张大川 / 著

U0227506

清华大学出版社
北京

内容简介

本书深入讲解了 AI 绘图的基本原理和操作技巧，旨在为读者提供全面的知识体系和实战指导。特别针对市面上认可度较高的两款 AI 绘图工具 Midjourney 和 Stable Diffusion 提供了详细的操作指南，无论是设计领域的新手还是有一定基础的设计师，都可以通过本书掌握 AI 绘图技术。

书中通过手把手的教学方式，从零基础开始，逐步引导读者深入了解 AI 与设计的结合。丰富的商业实用案例贯穿全书，将理论与实际操作有机结合，使读者不仅能掌握基础技能，还能提升商业应用能力。本书的主要特色在于，它既通俗易懂又具备一定的专业深度，相信无论是零基础的读者还是有经验的设计专业人士，都能从中获益。

本书适合对 AI、设计及绘画领域感兴趣的读者阅读，包括设计专业人士、美术设计类专业在校学生、设计及绘画爱好者，以及非专业人士。

图书在版编目（CIP）数据

MJ+SD智能设计：AI商业案例实操 / 吴博雄等著.
北京：清华大学出版社，2025. 1. -- ISBN 978-7-302-68032-1

Ⅰ. TP391.413

中国国家版本馆CIP数据核字第2025D82L69号

责任编辑：张　敏
封面设计：郭二鹏
责任校对：胡伟民
责任印制：刘　菲

出版发行：清华大学出版社
　　　　　网　　　　　址：https://www.tup.com.cn，https://www.wqxuetang.com
　　　　　地　　　　　址：北京清华大学学研大厦A座　　　邮　　编：100084
　　　　　社　总　机：010-83470000　　　　　　　　　邮　　购：010-62786544
　　　　　投稿与读者服务：010-62776969，c-service@tup.tsinghua.edu.cn
　　　　　质　量　反　馈：010-62772015，zhiliang@tup.tsinghua.edu.cn
　　　　　课　件　下　载：https://www.tup.com.cn，010-83470236
印　装　者：北京博海升彩色印刷有限公司
经　　销：全国新华书店
开　　本：170mm×240mm　　　印　张：13　　　字　数：335千字
版　　次：2025年3月第1版　　　印　次：2025年3月第1次印刷
定　　价：99.00元

产品编号：107333-01

在这个数字化驱动的时代，人工智能（AI）已经从科幻的遥远概念成为现实中的亲密伙伴，深刻地影响着人们的生活和工作方式。随着AI技术的飞速发展，其创新应用不断融入日常生活，特别是AI绘图技术，已成为最受瞩目的前沿领域。

本书旨在向读者详细介绍AI绘图的原理，展示各种绘图工具，并通过实用的设计技巧与案例，不仅为设计专业人士提供指导，也使广大艺术爱好者深受启发。在本书的创作过程中，笔者得到了众多人士宝贵的帮助和指导。在此，要特别感谢那些为本书贡献了重要设计案例的设计师胡笛、王乔、李双、陈波，他们的卓越作品极大地丰富了本书的内容。

对于给予笔者宝贵建议和无私分享的同行和老师李超、张大川深表感激。正是因为有了他们的悉心指导和鼓励，笔者才能一步步完成这部作品。此外，还要特别鸣谢我们的编辑团队，正是他们的专业能力和洞察力让这本书的品质更上一层楼。他们的精心校对和建设性反馈，都对本书的完善产生了深远影响。

本书旨在成为读者了解和掌握AI绘图的重要工具，激发读者的灵感并提供助力。请随笔者和众多专家一起，开启这段充满无限可能的探索之旅。最后，感谢您的选择和信任，您的反馈和评论对我们而言至关重要，诚挚期待与您的交流。

让我们共同期待，通过AI绘图，共同描绘一个更有想象力的未来。

吴博雄（熊社长）

2024年3月

目录

第1章 走进 AI 绘图的世界 001

1.1 AI 绘图与人们的关系 001

1.2 AI 绘图的核心算法 001

    1.2.1 GAN 模型 002

    1.2.2 Diffusion 模型 003

    1.2.3 Diffusion 模型的特点 004

1.3 AI 绘图工具的分类及特点 004

1.4 本章小结 005

第2章 Midjourney 新手入门 006

2.1 Midjourney 的注册与安装 006

    2.1.1 注册账号 006

    2.1.2 App 安装 007

2.2 Midjourney 的设计环境搭建 007

    2.2.1 创建服务器 007

    2.2.2 邀请机器人 009

2.3 使用费用 011

2.4 Midjourney 生成的第一幅 AI 绘画 011

2.5 Midjourney 的基本操作结构 012

2.6 本章小结 013

第 3 章　Midjourney 操作精讲 014

3.1　Discord 界面 014

3.1.1　输入区 014

3.1.2　反馈区 015

3.1.3　应用及频道区 016

3.2　提示词 016

3.2.1　什么是提示词 016

3.2.2　基本范式 016

3.2.3　基本语法与准确性 017

3.2.4　提示词权重 018

3.2.5　图片提示词（垫图） 019

3.2.6　风格 021

3.3　参数 025

3.3.1　参数列表 026

3.3.2　版本与默认风格 026

3.3.3　风格化权重 027

3.3.4　宽高比 028

3.3.5　混沌（结果多样性） 029

3.3.6　质量 030

3.3.7　负向提示词 031

3.3.8　种子编码 031

3.3.9　无缝平铺图案 033

3.4　命令 033

3.4.1　命令列表 034

3.4.2　想象（画图） 034

3.4.3　设置 039

3.4.4　图片转提示词 040

3.4.5　提示语精简 044

3.4.6　风格炼制 044

3.4.7　混合 047

3.4.8 查看信息 048

3.5 本章小结 049

第 4 章 Midjourney 高阶玩法 050

4.1 镜头视角 050

4.2 取景范围 051

4.3 光照氛围 053

4.4 质感纹理 054

4.5 本章小结 059

第 5 章 Midjourney 商业实战 060

5.1 人物头像设计 060

5.1.1 需求分析 060

5.1.2 解决思路 060

5.1.3 AI 工作流 060

5.2 人像精准换脸，免费获得创意大片 066

5.2.1 需求分析 066

5.2.2 解决思路 066

5.2.3 AI 工作流 067

5.3 海报设计 070

5.3.1 需求分析 070

5.3.2 解决思路 070

5.3.3 AI 工作流 070

5.4 绘本设计 072

5.4.1 需求分析 073

5.4.2 解决思路 073

5.4.3 AI 工作流 073

5.5 商业展示设计 078

5.5.1 需求分析 079

5.5.2 解决思路 079

5.5.3　AI 工作流 ···079

第 6 章　SD 新手入门···084

6.1　SD 本地部署 ···084

6.1.1　基于 Windows 系统本地部署 ·····················084

6.1.2　Python 环境安装 ·····································084

6.1.3　Git 环境安装 ···086

6.1.4　SDWebUI 的下载和安装 ···························088

6.1.5　基于 macOS 的本地部署 ···························091

6.1.6　Homebrew 环境安装 ·······························091

6.1.7　macOS 中的 Python 环境安装 ·····················092

6.1.8　macOS 中的 SDWebUI 下载和安装 ···············094

6.2　SD 模型选择 ···096

6.2.1　SD 与 MJ 模型的异同 ······························096

6.2.2　SD 开源基础模型 ····································097

6.2.3　下载 SD 模型 ···097

6.2.4　存放 SD 模型 ···098

6.2.5　Checkpoint 检查点模型 ····························099

6.2.6　LoRA、Embedding 等特征模型 ····················101

6.3　SD 基础操作 ···102

6.3.1　首次运行 SDWebUI ································103

6.3.2　SDWebUI 界面介绍 ································106

6.3.3　SDWebUI 模块功能介绍 ···························106

6.4　SD 生成的第一幅作品 ··108

6.5　本章小结 ···110

第 7 章　SD 高阶玩法···111

7.1　添加扩展的方法 ···111

7.1.1　从 SDWebUI 下载和安装扩展 ·····················111

7.1.2　从网站下载和安装扩展 ······························112

7.1.3　重启以完成安装 113

7.2　ControlNet 控制网络扩展 114

7.2.1　ControlNet 扩展介绍 114

7.2.2　ControlNet 模型的下载和存放 115

7.2.3　ControlNet 控制模型介绍 116

7.2.4　ControlNet 参数界面介绍 118

7.2.5　ControlNet 案例实操 121

7.3　PromptAIO 提示词助手扩展 123

7.3.1　下载与安装 123

7.3.2　介绍与使用 124

7.4　SD 图像放大的多种方法 126

第 8 章　SD：完成商业设计 132

8.1　线稿上色 132

8.1.1　需求分析 132

8.1.2　解决思路 132

8.1.3　AI 工作流 132

8.2　2D 转 3D 136

8.2.1　需求分析 136

8.2.2　解决思路 136

8.2.3　AI 工作流 137

8.3　艺术字 140

8.3.1　需求分析 141

8.3.2　解决思路 141

8.3.3　AI 工作流 141

8.4　光影字 143

8.4.1　需求分析 143

8.4.2　解决思路 144

8.4.3　AI 工作流 144

8.5　艺术二维码 147

　　8.5.1　需求分析 147

　　8.5.2　解决思路 147

　　8.5.3　AI 工作流 147

8.6　超级符号：AI 品牌符号创意设计 151

　　8.6.1　需求分析 151

　　8.6.2　解决思路 152

　　8.6.3　AI 工作流 152

8.7　建筑设计：AI 室内设计 156

　　8.7.1　需求分析 156

　　8.7.2　解决思路 157

　　8.7.3　AI 工作流 157

8.8　工业设计：AI 产品概念设计 162

　　8.8.1　需求分析 162

　　8.8.2　解决思路 162

　　8.8.3　AI 工作流 162

8.9　UI 设计：AI 图标 Logo 设计 167

　　8.9.1　需求分析 167

　　8.9.2　解决思路 168

　　8.9.3　AI 工作流 168

8.10　场景设计：AI 场景设计 171

　　8.10.1　需求分析 172

　　8.10.2　解决思路 172

　　8.10.3　AI 工作流 172

第 9 章　SD 模型训练 178

9.1　什么是 AI 绘图大模型 178

9.2　为什么训练 LoRA 模型 180

9.3　LoRA 模型训练工作流 180

9.4　LoRA 模型训练详解 181

　　9.4.1　模型训练的前期准备 181

　　9.4.2　模型基础形象生成 181

　　9.4.3　SD 图像预处理 182

　　9.4.4　优化描述词和添加触发词 184

　　9.4.5　部署和应用 AI 模型训练工具 184

　　9.4.6　选择训练的模型 185

　　9.4.7　模型存放路径 186

　　9.4.8　Parameters 参数设置 186

　　9.4.9　底图尺寸、学习率、图片裁切和精细度参数 188

　　9.4.10　高级选项 188

　　9.4.11　训练前的参数检查 189

　　9.4.12　选出最优模型版本 190

　　9.4.13　"渐进式训练法"迭代模型 192

9.5　LoRA 模型应用：营销海报实战 193

　　9.5.1　IP 人物形象生成 193

　　9.5.2　氛围场景生成 194

　　9.5.3　合成与排版 195

第 1 章

走进 AI 绘图的世界

从本章开始，将带领读者走进 AI 绘图的世界，掌握 AI 绘图的基本知识和原理，同时帮助读者选择更适合自己的绘图工具。

1.1 AI 绘图与人们的关系

AI 绘图工具的出现正在彻底改变人们创造和表达想法的方式。对于非设计行业的普通人而言，AI 绘图工具仿佛是一根魔法棒，能够将其内心世界具象化。即使完全不会画画，只需几个描述性的文字，便能"画"出心中的天马行空。孩子们梦中的景象及那些难以言传的情感，都可以通过 AI 技术转化成视觉图像，从而使无数创意在纸上栩栩如生，成为现实。

设计师们通过使用 AI 绘图工具，不仅大幅提高了工作效率，还能在创作中获得新的灵感。这些工具可以迅速且高质量地完成原本非常耗时的任务，如"线稿上色""2D 转 3D"等复杂效果。在紧迫的工期和高期望的客户需求下，AI 绘图工具也展现出了独特的价值，使设计师能够快速探索多种艺术方向并进行调整迭代。

对于在工作中与设计师协同的其他职能人员，如市场人员、产品经理等，AI 绘图工具也显得尤为重要。它们可以帮助团队成员更好地理解设计语言和视觉意图，通过使用 AI 绘图，非设计背景的团队成员可以学习如何将抽象的需求转化为具体且精准的视觉表达，从而建立起需求与结果之间更为直观的联系。

AI 绘图工具正在逐渐成为人们创造性表达的延伸，不分专业与背景，每个人都可以借此工具表达心中的创意。AI 绘图工具拓宽了艺术创作的边界，也将继续影响人们与设计创意、沟通表达的关系。

1.2 AI 绘图的核心算法

AI 绘图领域的核心技术主要基于深度学习的生成模型，它们通过理解和学习真实世界的图像分布，能够创造出全新的视觉内容。这些模型因为不同的算法逻辑和特点优势，在 AI 绘图中发挥着重要作用，同时它们也在持续演进，推动着 AI 绘图技术的边界持续向前拓展。

其中有两个相对更常用的模型，分别为生成对抗网络（GAN）和扩散模型（Diffusion Models）。

1.2.1　GAN 模型

生成对抗网络（Generative Adversarial Networks，GAN）于 2014 年被提出，它由两个神经网络组成，分别为生成器（Generator）和鉴别器（Discriminator）。生成器基于随机噪声生成"假"数据，它的目标是骗过鉴别器；鉴别器对数据进行真伪鉴别，它的目标是区分出真实数据和生成的"假"数据。

在训练迭代的过程中，两个神经网络相互对抗成长，就好比是一位画家（生成器）和一位艺术鉴赏家（鉴别器）的互相博弈。画家（生成器）要仿制出足够逼真的世界名画，让人们无从区分；鉴赏家（鉴别器）要分辨出哪个是赝品并驳回。起初画家的作品很轻易就被鉴赏家分辨出来，但随着时间的推移，鉴赏家的眼睛越来越犀利，画家的技艺也越来越精湛，直到有一天鉴赏家也无从分辨真伪。GAN 算法简易逻辑如图 1-1 所示。

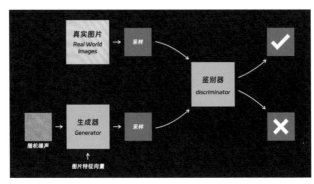

图 1-1　GAN 算法简易逻辑 1

GAN 提出了一种全新的通过对抗过程来训练模型的概念，这种方法在当时非常具有革命性。同时，GAN 可能会出现模式崩溃（Mode Collapse），由于生成器开始退化时会生成同样结果。此外，GAN 需要用鉴别器来判断生成结果是否合格，这就导致生成结果大多是基于当前已存在作品（样本）的模仿品，而不是进行主动创新，导致多样性不足。

举个例子，假如用户在条件 GAN 中输入了"白色小狗"命令，生成器基于随机噪声生成了 3 只"白色小狗"。若鉴别器的训练样本中只有"西高地梗犬"一种犬类型，则鉴别器会倾向于认为只有这种特定品种是"真"，其余为"假"。即使生成器生成了其他犬类型，也会因为鉴别器训练数据的局限性而阻止，无法成功生成，具体如图 1-2 所示。

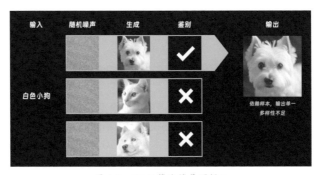

图 1-2　GAN 算法简易逻辑 2

1.2.2　Diffusion 模型

与 GAN 一样，Diffusion 模型也是一种生成式模型，它模仿了物理学中的扩散过程来生成数据。在中学时读者可能做过类似实验，将浓墨水不断滴入清水中，颜色会一点点扩散开来，直到将整杯水均匀地染色，如图 1-3 所示。

图 1-3　墨水扩散实验

扩散模型的工作原理是在清晰的图片上不断地叠加噪声（清水中滴入浓墨水），直到这张图片完全成为随机噪声，无从辨认（清水和浓墨水均匀混合）。然后通过反转"加噪过程"，学会从噪声中"复原"出原始数据（把均匀染色后的水，恢复成清水和一滴浓墨水）。Diffusion 算法简易逻辑如图 1-4 所示。

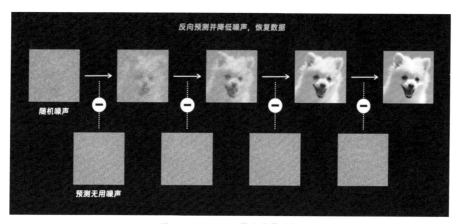

图 1-4　Diffusion 算法简易逻辑

也可以把 Diffusion 模型的工作原理想象成是石头雕刻。雕刻师随便捡了一块石头（随机噪声），之后开始细化，每次去除掉一些多余的部分（逐步去噪），使石头的外形轮廓向着心中预期的样子更近一步。经过多次雕刻，最终石头变成了精美的艺术品（复原成功）。

当输入了"白色小狗"指令后，可以在生成结果的基础上继续扩散，新生成的 4 只全新的白色小狗（仔细看右侧 4 只小狗的耳朵）虽然来源于一个结果，但都存在着差异。与前面说的生成对抗网络 GAN 相比，扩散模型的输出结果是多样性的，且可以持续扩散输出，如图 1-5 所示。

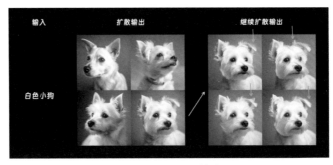

图 1-5　Diffusion 模型

1.2.3　Diffusion 模型的特点

相比 GAN，Diffusion 模型有两个特别突出的特性，了解完这些特性后，在后面的实际出图过程中如果遇到问题，也可以更好地理解并解决。

1.传递性

扩散模型是一个通过链条状的逐步处理让噪声从模糊变清晰的过程，因此图片的质量受优化过程长短的影响，步数越长，消除的噪声（去噪）越多，质量也相对越高。一个链条传递需要在一个内存中完成，而每步操作都是模型根据当前噪声和图像的上下文信息，从而计算下一步的像素概率分布并生成新的像素，因此，对 GPU 显存的要求较高。图片一点点被变清晰，需要等待很长时间。关于图片质量和所需时间的关联性，后面在具体操作时也会提到，这里只是进行简要概述。

从上面白色小狗的扩散图可以得到，一个计算链条中的结果，可能只是另一个计算链条中的过程。对于一个计算链条，可以提前中断进程，也可以从中间某一个点重启进程。利用链条的传递特点，可以对结果方向进行引导，比如"垫图"操作。也可以在传递中途进行干预，比如提前使用 stop 参数结束扩散进程。

2.随机性

因为是从随机模糊的噪声逐渐变清晰的过程，因此需要接受结果存在大量随机性的事实。需要不断地"开盲盒""抽卡"，可能生成的 100 张图里才能找到一张符合期望的图片。一方面，可以利用该特性，在设计前期做思维发散；另一方面，也需要确保提示词相对明确和精准，并持续优化调试结果，从而克服随机性并增加对结果的控制力。

1.3　AI 绘图工具的分类及特点

目前，在 AI 绘图领域有两款产品脱颖而出，分别为 Midjourney 和 SD。接下来从多个维度来分析这两款产品，如表 1-1 所示。

表 1-1　常见 AI 绘图工具分类及特点

比较维度	Midjourney	SD
产品是否开源	否，收费	是，免费
图片生成速度	快	依赖于硬件配置，可快可慢
用户学习门槛	简单（只需学习基本命令和提示格式）	较难（需要理解复杂界面及各模型的使用方式）
图片结果控制力	粗略控制	精准控制

对于 Midjourney，它是一款封装好的线上服务，是收费的。它生成图片的方式基于线上云端资源，速度通常很快。界面和命令都相对更简单，用户只需要学习基本的命令和文本提示格式，即可生成效果出色的图像，但生成结果相对倾向于粗略控制。可以类比使用手机中的修图 App，可直接对照片叠加滤镜，简单且高效。

而 SD 是开源的，可以自己在本地或在线上找云服务器搭建操作环境，是免费的，但需要一定的技术背景。它生成图片的方式基于本地或云端服务器的资源，速度可快可慢。它拥有大量现成的模型，还可以自行训练模型，界面和命令也更多、更复杂，需要一定的学习成本，拥有灵活的自定义空间和对生成结果优秀的控制力。可以类比为专业的修图软件 Photoshop 或 Lightroom，可以通过多个数值的调整将照片改变为任意效果，强大且灵活。目前市面上也有很多在线 SD 产品，解决了新手不会搭建环境和安装模型、插件的痛点，也是一个不错的选择。

1.4　本章小结

（1）AI 绘图工具正逐渐成为人们创造性表达的延伸，不分专业与背景，每个人都可以借此工具表达心中的创意。

（2）AI 绘图的核心算法是生成对抗网络（GAN）和扩散模型（Diffusion Models）。

（3）扩散模型具有传递性，更好的图片质量需要更多的算力，也就需要更长的处理时间。

（4）扩散模型具有随机性，可以利用该特性进行创意发散，也可以通过优化提示词等手段增加对结果的控制力。

（5）AI 绘图工具的主流产品有 Midjourney 和 SD，它们各有优劣，可根据实际情况按需选择。

第 2 章

Midjourney 新手入门

第 1 章简单介绍了 AI 绘图的核心算法、相关特性，以及如何挑选适合自己的 AI 绘图工具。本章来学习 Midjourney 的实际使用步骤，并利用它生成你的第一张 AI 绘画。

2.1 Midjourney 的注册与安装

2.1.1 注册账号

在开始使用前，需要了解两个名字：Midjourney 和 Discord。可以用一个简单的比喻来理解这两者之间的关系：Discord 是一个带锁的玩具箱子，里面放了许多有趣的玩具，Midjourney 是其中一个玩具。因此，需要先打开这个玩具箱，才能玩到里面的玩具，也就是先注册一个 Discord 账号。

详细步骤如下。

Step 01 打开 Midjourney 官网，单击 Sign In 按钮，如图 2-1 所示。也可以打开 Discord 官网，单击 Login 按钮，如图 2-2 所示。

图 2-1　Midjourney 官网　　　　　　　　　图 2-2　Discord 官网

Step 02 单击登录页面下方的"注册"按钮，如图 2-3 所示。将注册页中的所有文本框填写完成，如图 2-4 所示。

Step 03 前往注册时填写的邮箱完成邮件验证（经验证，Gmail 或 QQ 邮箱等均可使用，如图 2-5 所示）。

Step04 完成验证后，即可使用刚刚注册的 Discord 账号登录，并开始使用 Midjourney。

图 2-3　Discord 账号注册界面　　　图 2-4　账号注册表单　　图 2-5　邮件验证

2.1.2　App 安装

Discord 同时拥有网页端、计算机端 App 和移动端 App。网页端通过官方网页直接登录使用；计算机端和移动端，可在官方网页及应用商店直接下载。在使用场景上，在网页端添加插件（尤其是第三方插件时）是很有必要的，但相对低频。相较而言，推荐使用计算机端 App，在实际操作步骤上会更高效快捷。具体对比如表 2-1 所示。

表 2-1　Discord 的不同形式对比

Discord 形式	优　　势	推　荐　度
网页端	可添加第三方插件	☆ □ ☆ □ ☆ □ ☆
计算机端 App（Win/Mac）	操作步骤少，高效	☆ □ ☆ □ ☆ □ ☆ □
移动端 App	灵活	☆ □ ☆ □

2.2　Midjourney 的设计环境搭建

2.2.1　创建服务器

登录成功后就可以看到 Discord 的使用界面，接下来先创建一个服务器，如图 2-6 所示。在 2.1.1 节中已经"打开了玩具箱的盖子"，现在要做的是创建一个专属于自己的小屋，可以沉浸且私密地玩"玩具"，不被别人打扰。

详细步骤如下。

Step01 单击左上角的"+"按钮。

Step02 在弹出的对话框中选择"亲自创建"选项，如图 2-6 所示。然后单击"仅供我和我的朋友使用"按钮。

Step03 设置服务器名称，如图 2-7 所示。

Step04 单击"创建"按钮，服务器创建成功，如图 2-8 所示。

图 2-6　创建 Discord 服务器

图 2-7　设置服务器名称

图 2-8　服务器创建成功

2.2.2　邀请机器人

前面已经"打开了玩具箱"并"创建了专属小屋",接下来仅需做最后一步"找到喜欢的玩具,并带到小屋"。

Discord 中有很多"玩具",单击屏幕中左上角的"指南针"按钮,就可以到达"发现页",即 Discord 应用大厅如图 2-9 所示。在页面右侧可以看到丰富的特色社区,它们都是"玩具"。如果在页面右侧没有发现喜欢的,也可以在"搜索框"中直接搜索,比如输入自己想要的 Midjourney。

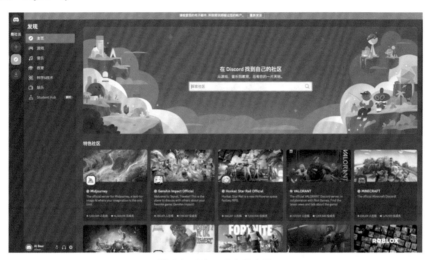

图 2-9　Discord 应用大厅

当前首页第一排第一个就是 Midjourney,直接单击它的卡片,即可到达 Midjourney 的主页,如图 2-10 所示。

图 2-10　Midjourney 主页

进入 Midjourney 主页后，单击屏幕右上角的"人头"图标，即可在右侧的成员列表中找到一个名为 Midjourney Bot 的机器人。下面来邀请机器人。

详细步骤如下。

Step01 单击这个机器人，在弹出的对话框中单击 Add App 按钮，如图 2-11 所示。

Step02 在弹出的对话框下方找到"添加至服务器"，单击下拉按钮，在下拉列表框中选择刚刚创建成功的服务器，单击"继续"按钮，如图 2-12 所示。

Step03 按需给予授权并单击"授权"按钮，如图 2-13 所示。

图 2-11　Midjourney Bot

图 2-12　邀请机器人

图 2-13　邀请授权

经过上述步骤，已经成功邀请机器人，如图 2-14 所示。再次单击位于页面左上角的刚创建的服务器图标，来到"自己的房间"，就可以看到页面底部已经出现文字提示，并且屏幕右侧的成员列表中也出现了 Midjourney Bot，如图 2-15 所示。

图 2-14　机器人邀请成功

图 2-15　机器人已加入私人服务器

如果上述步骤全部完成，则表示已经正式踏进了充满无限可能性的 AI 绘图的新世界。

除了 Midjourney，还有一个非常类似但更擅长创作"二次元动漫内容"的 Niji journey，也将被邀请到我们的房间。

单击屏幕中左上角的"指南针"按钮，在搜索框中搜索"Niji journey"，如图 2-16 所示。后续步骤与邀请 Midjourney 完全相同。

图 2-16　Niji journey

2.3　使用费用

Midjourney 目前采取收费模式，提供按月或按年的支付选项，费用最低为 10 美元/月，包含不同的权益和版权声明。对于初级尝试者，建议选择成本较低的基础套餐，该套餐包括 200 张图的生成额度。对于有更高需求的用户，如需生成更多图片或获取图片的商业使用权，可以考虑高级标准套餐或专业套餐。

具体的价格和权益详情请以官方发布为准。用户可以在页面下方的对话框中输入"/subscribe"并按【Enter】键，再单击 Manage Account 按钮，进入官方订阅页面查看各个套餐的详细信息，如图 2-17 所示。

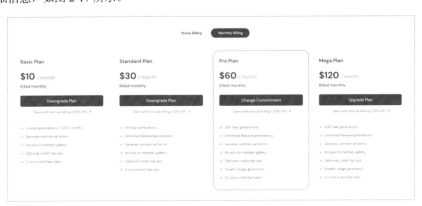

图 2-17　费用与权益明细

2.4　Midjourney 生成的第一幅 AI 绘画

人们与 AI 的交互可以简单理解为：先输入一段文字描述，然后 AI 基于这段描述将画面"想象"出来，最后以图片形式呈现出来。而这个"想象（imagine）"，就是每次 AI 创作时都需要使用的命令。

详细步骤如下。

Step 01 在 Midjourney 界面下方的对话框中输入"/imagine"（注意应先输入左斜线"/"），单击上方出现的带图标的命令选项，如图 2-18 所示。

图 2-18　输入命令 /imagine

Step 02 在后面黑色的 prompt 框中填写提示词（注意提示词需要使用英文）。

Step 03 输入完成后按【Enter】键，稍等一会即可得到 AI 根据刚刚输入的提示词内容创作的图片。

例如，在 prompt 框中输入"a bear is drinking beer"（一只正在喝啤酒的熊），按【Enter】键后，系统将生成一组图像并以"四宫格图"形式呈现，如图 2-19 所示。

如果对生成图像中的某一张感兴趣，可以单击 U 按钮，图像序号的对应关系分别为：左上 [1]、右上 [2]、左下 [3]、右下 [4]。例如，左下 [3] 的图像最符合需求，可单击 U3 按钮，系统便会显示该图像的清晰大图，如图 2-20 所示。

图 2-19　四宫格图

图 2-20　清晰大图

接着，用鼠标右键单击图片便可以将该图像下载到计算机。关于图片下方其他按钮的具体用法，将在 3.4.2 节进行更详细的讲解。

2.5　Midjourney 的基本操作结构

在本章最后，再来简单了解一下 Midjourney 基础操作的三个核心要素。

可能有的读者已经发现，刚刚输入的提示词后面还加了一些附加字符，它们是什么意思呢？在如图 2-21 所示的命令中，用 3 种不同颜色的线标注了它们的意义，分别为命令、提示词和参数。

图 2-21　基础操作三要素

通过"/imagine"进行绘图是一种命令形式，除此之外，还有多种命令，各具特定功能。图中的绿色部分代表提示词，这部分用于向 AI 描述自己想要的画面内容，虽然它不能精确控制最终的生成结果，但它是必须提供的。蓝色部分代表参数，它允许用户相对精确地控制一些基础画面属性，如宽高比、图片质量等，这部分是可选的。这 3 个要素的组合使 AI 能够理解我们的需求，从而更有效地协助我们完成 AI 绘图任务。

2.6　本章小结

（1）Midjourney 从属于 Discord，须先完成 Discord 的账号注册和应用下载。

（2）Midjourney 设计环境搭建包括：创建服务器、邀请机器人。

（3）通过"/imagine"（想象）命令进行绘图，完成了第一幅 AI 绘画。

（4）Midjourney 的基础操作三要素：命令、提示词、参数。

第 3 章

Midjourney 操作精讲

在第 2 章中，读者完成了 Midjourney 绘图环境的搭建，并成功创作了首幅 AI 绘图作品，同时初步了解了 AI 绘图的三大核心要素。本章将详细解析这三大要素的各个细节。鉴于内容较为丰富，读者可利用目录索引直接跳转至感兴趣的部分进行查阅。

3.1 Discord 界面

Discord 界面如图 3-1 所示。

图 3-1　Discord 界面

3.1.1 输入区

在页面中间的最下方有一个长条形对话框，如图 3-1 所示。这个对话框是与 AI 交互的核心区域，用户通过此处向 AI 发送指令。每次发送命令前都需要先输入一个斜线"/"，既可以直接输入完整的命令，也可以输入部分命令后根据联想进行选择。

特别需要注意的是，如果同时邀请了 Midjourney 和 Niji journey 两个机器人，每次输入命令时需仔细辨认图标以免选错，如图 3-2 所示。

这两个机器人对应不同的绘图模型，在默认风格上存在显著差异，因此选择正确的机器人对于获得期望的图像而言至关重要。

图 3-2   /imagine 对应的两个模型

3.1.2   反馈区

提交命令后，AI 处理的所有反馈都会在反馈区显示（如通过 "/imagine" 命令生成的图片）。简而言之，这个区域是用来确认、调整和删除各种命令的反馈内容的操作界面。每种命令的操作方法各不相同，具体的操作步骤可参考 3.4 节的详细教程。

对反馈区中不需要的内容进行删除，可使界面中只保留自己喜欢的图，或出于隐私考虑不愿公开全部图像。删除操作分为两种类型，具体操作如图 3-3 所示。

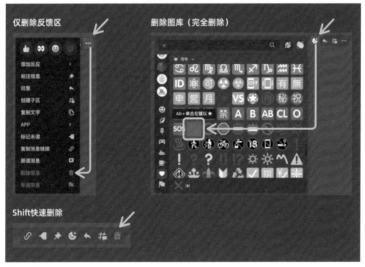

图 3-3   删除反馈区内容的方法

1. 仅删除反馈区内容

这种删除方法仅删除了反馈区的内容，图片仍然存在 My Images（我的图库）中，可被自己和他人看到，操作步骤如下。

- 将鼠标悬停在反馈内容上，单击内容右上角的 "三点" 图标，然后选择 "删除信息" 选项，即可删除本条内容。
- 按住【Shift】键，原本内容右上角的 "三点" 图标便会更新成 "垃圾桶" 图标，此时单击 "垃圾桶" 图标，即可快速进行删除操作，适合需要批量删除内容的场景。

2. 同时删除反馈区和图库中的图像

这种删除方法将彻底删除图片生成的历史记录，操作步骤如下。

- 单击消息右上角的 "笑脸" 图标（添加反应），在官方表情库中单击 "红色叉子" 图标。

- 在反应搜索框中输入":x:"（两个英文冒号中间夹一个 x），并单击"红色叉子"图标。

3.1.3 应用及频道区

界面的最左侧是应用及频道区。当添加了其他应用后，可以单击最左侧的应用图标跳转至该应用的主页。若创建了多个服务器，也可以通过单击左侧的服务器图标灵活切换。单击"+"按钮，可添加新的服务器。单击"指南针"按钮，可浏览应用大厅查看更多应用。

此外，在最左侧的顶部还有一个 Discord 图标，它代表私信功能，如图 3-4 所示。

在 Midjourney 中，一些命令的反馈是通过私信方式返回的，如 /tune（风格调谐器）或获取图片的 seed（种子）等。在此提及旨在为大家提供一个初步印象，详细功能的操作将在后续章节中进一步展开讲解。

图 3-4　私信

3.2　提示词

3.2.1　什么是提示词

将 AI 想象成一位摄影师，人们通过给他下达指令来指导其工作，例如"拍摄一张美丽的夕阳"。在当前，"美丽的夕阳"作为提示词，摄影师（AI）会根据这一提示来选择合适的拍摄角度、光线和构图，从而捕捉到其所理解的夕阳美景。这可能包括情侣在海边漫步时的夕阳、马儿在草原上奔跑的夕阳等多种场景。如果生成的图像未达到自己的期望，还可以提出修改建议。

这里，提出的命令和修改建议本质上都是提示词，它们是用户与 AI 进行沟通的桥梁。提示词可以是单个词汇、短语，甚至一段详细的文字描述，旨在指导 AI 生成图像的内容和风格。通过精确地填写提示词，能够引导模型的生成过程，确保最终的图像结果符合预期。

3.2.2　基本范式

一段有效的提示词常被形象地称为"魔法""万能咒语"或"密码"，然而，编写一段有效的提示词其实并不复杂，因为其结构是有规律可循的。提示词由图像提示、文本提示和参数属性 3 部分组成，如图 3-5 所示。

图 3-5　提示词范式

首先，图像提示是指向 AI 提供一张参考图，通常称为"垫图"，这是一个非必填项。详细内容将在 3.2.5 节中进一步说明。

其次，文本提示是提示词中最关键的部分，它直接影响结果的内容表达，属于必填项。

文本提示可进一步细分为 3 类：内容描述、镜头语言和风格描述，如图 3-6 所示。其中，"镜头语言"将在第 4 章的前两个小节中进行讲解，而风格描述的详细内容则将在 3.2.6 节中展开。

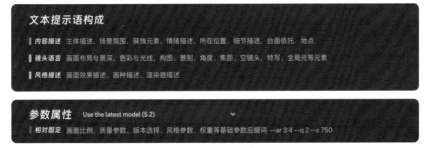

图 3-6　提示词构成

最后，参数属性位于提示词的末尾，对结果的影响相比文本提示更加明确和可控，如设定图片的宽高比。此外，参数也允许用户对具有明确取值范围的属性进行精确设置，如确定参考图的权重。关于参数的详细讨论请参见 3.3 节中。

3.2.3　基本语法与准确性

提示词通常由英文单词、短语或句子构成，并用英文逗号间隔。在图像提示与文本提示之间，以及文本提示与每个参数之间，都需要添加空格。参数的引入应在前面加上空格和双横线"--"。

在编写提示词时，选择合适的词汇至关重要。例如，large、massive 和 enormous 虽然均可翻译为"大"，但它们所指的尺寸级别是不同的，分别对应"大""超大"和"庞大"。这种差异在 AI 生成的绘图结果中也会有相应的体现，如图 3-7 所示。

a man and an apple　　a man and a large apple　　a man and a massive apple　　a man and an enormous apple

图 3-7　提示词的量级

同样，编写提示词时还需注意描述的精确性。AI 生成的图像内容基于其训练模型时所使用的图像样本，而这些样本中的主要特征将决定生成图像的默认颜色、材质和样式等属性。例如，如果提示词仅为"an apple（一个苹果）"，生成的图像大多数情况下会是红色，偶尔是绿色，因为这些颜色在自然世界中最为常见。若需生成紫色苹果，就需要在提示词中明确指出。同理，输入"a girl（一位女孩）"时，默认生成的通常是欧美人种的图像，若需要生成亚洲女孩的图像，则应在提示词中具体说明，如图 3-8 所示。

| an apple | a purple apple | a girl | an Asian girl |

图 3-8　提示词的精准性

另一个需要特别关注的场景是词汇的词性区分，特别是名词和形容词。例如，创作目标为"橙色桌子"，如果提示词仅输入"orange table"，AI 可能将"orange"误解为名词，从而导致生成的结果中出现"橙子"。为了避免此类误解，应更精确地构建提示词，如修改为："table, in the color of orange"（桌子，颜色是橙色），以明确指示"橙色"是作为桌子的颜色属性而非水果，如图 3-9 所示。

| orange table | table , in the color of orange |

图 3-9　提示词的词性

3.2.4　提示词权重

想象一下，你正站在早餐摊前，对卖煎饼的老板说："葱花、香菜都要，香菜多来点，不要辣椒。"实际上，你当前就是向老板提交了一串提示词，并在标准煎饼基础上对个别元素做了特定调整。这个操作用术语来讲，就是"控制提示词权重"。

在 AI 绘图中，当输入多个提示词时，同样需要通过控制权重来精确指导 AI。具体操作方法是在提示词后添加"::"（双英文冒号），紧接着写上具体的数值，这样可以为冒号前的词语分配准确的权重，从而精确控制图像中各元素的展示重要性，提高生成结果的契合度。

双英文冒号在实际应用时有两个作用：一是作为基本的语义分割，功能与逗号相似；二是赋予权重，通过在其后添加数字来指定冒号前内容的权重。

例如，在提示词中加入"::"后，AI 会将其前后的内容视为独立元素处理。对于"dragon fly"这一提示词，尽管中间有空格，通常两个词会被视为一个整体，生成的图像多为"蜻蜓"。但若改为"dragon:: fly"，AI 则会解读为两个独立的意象"龙"和"飞"，并可能生成"长着翅膀的龙"的图像，如图 3-10 所示。

在"::"后输入一个数字，即可为冒号前的这部分提示词赋予权重，提高重要性。比如

| dragon fly | dragon:: fly |

图 3-10　语义分割

将"dragon::fly"变为"dragon::2 fly"，则"dragon"的重要性提高为"fly"的 2 倍。可以看到在生成的图片中，强化了"龙"而弱化了"飞行（翅膀）"，如图 3-11 所示。

需特别指出的是，当前所讨论的"重要性"是相对的。例如，如果同时设置"dragon::2 fly::2"，则不同元素间的相对权重依然保持 1:1 的比例。或者，如果权重数字能相互整除，如"dragon::100 fly::50"，则"dragon"的重要性是"fly"的 2 倍。

权重可以被提高，也可以被降低。具体操作是在冒号后输入一个负数，这将使得对应的内容成为"负向提示词"，AI 在生成图片时会尽可能避免这部分内容的出现。例如，将"dragon:: fly"修改为"dragon::-.5 fly"，将导致"dragon"（龙）的重要性降低，从而避免生成与"龙"相关的内容，仅留下"fly"（苍蝇）成分，如图 3-12 所示。

dragon:: fly　　　　dragon::2 fly　　　　　　dragon:: fly　　　　dragon::-.5 fly

图 3-11　赋予权重　　　　　　　　　　　　　图 3-12　权重降低

注意

必须正确填写权重的数值和符号，负数权重若为小数时，应写作"-.X"，不写"0"。

在后续内容中，还将介绍参数"--no"，其作用与"负向提示词"相同，用于指示 AI 在生成图像时避免某些内容。具体细节将在后面的章节中详细讲解。

3.2.5　图片提示词（垫图）

上一节中，介绍文字提示词的运用方法。除此之外，提示词还可以采用图片这一更为直观的形式进行提交。结合图片和文本输入，可以更有效率地将自己的创意或构想转化为生成图像的指导，从而提升生成结果与预期相符的可能性。这种将图片作为提示词的用法通常被俗称为"垫图"。

使用图片提示词（垫图）有两个关键步骤：首先，获取图片的线上链接（这一步骤是必需的）；其次，为图片设定权重（这一步骤是可选的）。

获得图片线上链接的操作步骤如下。

Step01 选中图片并拖入 Discord 界面；或单击对话框左边的"加号"按钮，选择图片并单击"上传"按钮。

Step02 图片上传成功后，根据正在使用的 Discord 环境进行下一步操作。

Step03 若使用网页端 Discord，单击图片使之放大，然后单击图片左下角的"在浏览器中打开"按钮，如图 3-13 所示。浏览器中的页面网址即为图片的线上链接，复制即可。

图 3-13　网页端

Step 04 若使用计算机端 Discord，直接用鼠标左键单击图片，在弹出的快捷菜单中选择"复制媒体链接"命令即可，如图 3-14 所示。

图片提示词的使用步骤如下。

Step 01 在界面下方的对话框中输入"/imagine"指令。

Step 02 在随后出现的黑色 prompt 对话框中，首先粘贴先前获得的图片链接。

Step 03 粘贴图片链接后，输入一个空格，以分隔接下来的内容。

图 3-14　计算机端

Step 04 继续输入提示词。输入完成后，在提示词的末尾处再加上一个空格。

Step 05 在空格后面输入"--iw"，后面输入一个数值，这个数值指定了图片提示词的权重（image weight），其使用逻辑与 3.2.4 节中提到的文本提示词权重相同。

注意

（1）图片权重默认为 1，取值范围为 0.5 ～ 2。

（2）在输入指令时，在"--iw"之后先添加一个空格，然后输入相应的数值。

（3）若数值以 0 开头则需去除。例如，若要设置权重为 0.5，则输入："--iw.5"。

（4）权重数值越大，图片相对文字提示词就越重要，生成结果与"垫图"也会更相似。但因为图片权重最大为 2，若想获得更贴近"垫图"的效果，文本权重数值尽量不超过 2。

（5）若要使用多张垫图，应将各个图片链接以空格分隔。

垫图通常在创意过程中起到两个重要作用，第一个作用是风格迁移。以生成一个东方风格的龙宝宝为例，提示词为："Red and yellow Chinese dragon, cute baby dragon::1.5 big antler, colorful scales, a colorful tail , in the style of vray tracing, artgerm, zbrush, 3d, c4d, octane render, 32k uhd, simple background, soft light, backlight --style expressive"。发现生成的效果偏西方龙风格，可以使用东方龙风格的图片作为"垫图"。由于使用的垫图是成年龙，因此降低图片权重为 0.5，以免影响 AI 对"cute baby dragon"的理解。具体效果如图 3-15 所示。

垫图前　　　　　　　　　　垫图　　　　　　　　　　垫图后　--iw .5

图 3-15　垫图可使风格迁移

第二个作用是调整构图。以生成一位抱着箱子的快递员小哥为例，提示词为："an Asian courier, holding a cardboard box, simple background, photo, realistic"。若生成图片中的箱子呈现倾斜角度，并非理想的正视构图，则可以使用一幅手绘图片作为垫图来辅助调整。鉴于垫图仅是简单线稿，且可能与"photo, realistic"的风格相悖，建议将图片权重降低至 0.5，以免影响 AI 对"photo, realistic"的理解，具体效果如图 3-16 所示。

垫图前　　　　　　　　　　垫图　　　　　　　　　　垫图后 --iw .5

图 3-16　垫图使构图调整

3.2.6　风格

所谓"艺术风格",是指一系列具有共同特征的视觉表现形式,这些视觉表现的特征在某个时期、某个地域或某位艺术家的作品中高频出现,并被大众广泛认可,视为该风格的标志性元素。

艺术风格可能是受到时代背景、社会文化、科技水平等诸多因素影响自然形成的,也可能是被主观塑造出来的,它通常包含了艺术作品的色彩与形状线条的运用、构图布局、手法流派、材料使用等特点,以及作品所传达的情感和氛围。因此,艺术风格的划分可以从多个维度进行。

基于"时期"与"地域",有"古典主义""文艺复兴""现代主义""当代主义"等;基于技法与材料,有"油画""水彩""版画""素描"等;基于艺术流派,有"抽象派""印象派""野兽派""超现实主义"等;基于真实程度,有"抽象""卡通""写实""超写实"等。每个分类下都包含许多杰出的代表艺术家或制作公司,继续往下还可以具体到某个特定艺术作品。这些都可以作为向 AI 提示的艺术风格信息。

在 Midjourney 中,可以借助特定的提示句式来指导输出图像的艺术风格。这样的句式包括"xxx style"或"in the style of xxx"。例如,要生成"迪士尼"风格的图像,可以在提示词中输入:"Disney style"或"in the style of Disney"。甚至可以通过填写提示词聚焦到工作室或艺术家的某个作品,如"in the style of Masashi Kishimoto's Naruto",将提示聚焦到"岸本齐史的《火影忍者》"。

为了查看不同艺术风格的具体表现,可以保持画面描述的一致性,仅改变提示词中的风格指示。例如,设定场景描述为"一位在草地上奔跑的女孩",提示词为:"a girl is running on the grass, in the style of xxx --ar 4:3",并依次替换风格提示词为迪士尼(Disney)、皮克斯(Pixar)、宫崎骏(Hayao Miyazaki)、岸本齐史的《火影忍者》(Masashi Kishimoto's Naruto),来生成不同风格的图像。具体效果如图 3-17 所示。

Disney　　　　　　Pixar　　　　　Hayao Miyazaki　　　Masashi Kishimoto's Naruto

图 3-17　相同提示词在不同风格下的表现

通过在提示词中加入特定的工作室名称、艺术家姓名或某个具体作品名称,可以引导 AI

在保持相同场景描述的前提下，创造出具有显著差异的艺术风格图像。例如在如图 3-17 所示的第 4 个图中，尽管提示词并未明确描述"忍者头带"，AI 依然能够准确识别并生成这一细节，展示了它对指定风格特征的高度敏感性与理解能力。

在使用艺术风格提示词时，可以针对不同主题内容选择相应领域的艺术家作为参考，例如动画艺术家适用于创作二次元作品，服装设计师对服饰主题有加分效果，建筑设计师则更适合指导建筑物的创作。

然而值得一提的是，艺术风格在跨界应用时往往能够激发出意想不到的创意火花，这也正是 AI 绘图工具的一大特色所在。例如，使用画家来指导潮流服装设计或使用"蒙德里安"作为风格提示词，如图 3-18 所示。或者使用"莫奈的《睡莲》"作为风格提示词，如图 3-19 所示。这些看似不相关的组合却意外地产生了令人赞叹的效果。

示例提示词："modern male outfits，in the style of Mondrian , fashion photoshoot, vogue, bazaar, full body shot, highly detailed shots, ultra-realistic face, 32k , super details, UHD, best quality --ar 3:4"

示例提示词："modern female outfits，in the style of Claude Monet's Water Lilies, fashion photoshoot, vogue, bazaar, full body shot, highly detailed shots, ultra-realistic face, 32k , super details, UHD, best quality --ar 3:4"

图 3-18　使用"蒙德里安"作为风格提示词　　　图 3-19　使用"莫奈的《睡莲》"作为风格提示词

在探索艺术风格的应用上，不仅可以在不同行业领域和内容之间进行创意搭配，还可以尝试在同一个创作中融合多种艺术风格。通过在提示词里输入"in the style of A+B+..."，即可实现这种独特的风格组合。想象一下，将以波点艺术知名的草间弥生与以未来主义建筑风格著称的扎哈·哈迪德的风格融合在一起，施加于同一建筑物上，会产生怎样独特的视觉效果呢？

为此，可以设置提示词框架为："a huge building, in the style of xxx"，并将风格分别设为草间弥生（Kusama Yayoi）、扎哈·哈迪德（Zaha Hadid），再进一步探索将两位艺术家风格融合的效果（Kusama Yayoi and Zaha Hadid）。具体的视觉展现如图 3-20 所示。

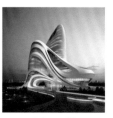

Kusama Yayoi　　　　　Zaha Hadid　　　　　Kusama Yayoi and Zaha Hadid

图 3-20　风格混合

鉴于各领域内知名工作室、艺术家、品牌等不胜枚举，表 3-1～表 3-9 仅列出按照不同分类维度筛选出的一些代表性艺术风格，以供大家参考和灵感启发。

表 3-1　写实程度

风格提示词	英　　文
写实	Realism
超写实	Hyperrealism
抽象	Abstract
卡通	Cartoon

表 3-2　创作技法

风格提示词	英　　文
油画	Oil Painting
水彩画	Watercolor
版画	Printmaking
素描	Sketch
矢量画	Vector
雕塑	Sculpture

表 3-3　地域

风格提示词	英　　文
中国水墨画	Chinese Ink Painting
日本浮世绘	Japanese Ukiyo-e
伊斯兰艺术	Islamic Art
印第安艺术	Native American Art

表 3-4　艺术流派

风格提示词	英　　文
抽象派	Abstract Art
印象派	Impressionism
野兽派	Fauvism
立体派	Cubism
表现派	Expressionism
现代主义	Modernism
未来主义	Futurism
极简主义	Minimalism
超现实主义	Surrealism
浪漫主义	Romanticism

表 3-5　文艺复兴时期

艺术家名字	英　文
列奥纳多·达·芬奇	Leonardo da Vinci
米开朗基罗·布奥纳罗蒂	Michelangelo Buonarroti
拉斐尔·桑齐奥	Raphael Sanzio
提香·韦切利奥	Titian Vecellio
桑德罗·波提切利	Sandro Botticelli

表 3-6　19 世纪—20 世纪

艺术家名字	英　文
克劳德·莫奈	Claude Monet
保罗·塞尚	Paul Cézanne
文森特·梵高	Vincent van Gogh
保罗·高更	Paul Gauguin
埃德瓦德·蒙克	Edvard Munch
亨利·马蒂斯	Henri Matisse
巴勃罗·毕加索	Pablo Picasso
皮特·蒙德里安	Piet Mondrian
马塞尔·杜尚	Marcel Duchamp
萨尔瓦多·达利	Salvador Dalí
威廉·德·库宁	Willem de Kooning
杰克逊·波洛克	Jackson Pollock
安迪·沃霍尔	Andy Warhol
古斯塔夫·克林姆特	Gustav Klimt

表 3-7　动漫设计

艺术家 / 工作室名字	英　文	代　表　作
宫崎骏	Hayao Miyazaki	龙猫、千与千寻、风之谷等
新海诚	Makoto Shinkai	你的名字、天气之子、秒速五厘米等
手塚治虫	Osamu Tezuka	铁臂阿童木等
庵野秀明	Hideaki Anno	新世纪福音战士
岸本齐史	Masashi Kishimoto	火影忍者
BONES 工作室	Studio BONES	钢之炼金术师等
武内直子	Naoko Takeuchi	美少女战士
CLAMP	CLAMP	魔卡少女樱
井上雄彦	Takehiko Inoue	灌篮高手
迪士尼	Disney	白雪公主、狮子王、冰雪奇缘等
皮克斯	Pixar	玩具总动员、海底总动员、头脑特工队等

表 3-8　建筑设计

艺术家名字	英　　文	代　表　作
弗兰克·盖里	Frank Gehry	毕尔巴鄂古根海姆博物馆等
扎哈·哈迪德	Zaha Hadid	广州歌剧院、南京青奥中心、银河 SOHO 等
贝聿铭	I. M. Pei	卢浮宫金字塔、苏州博物馆、中国银行大厦等
让·努维尔	Jean Nouvel	阿布扎比的卢浮宫分馆、巴黎卡地亚当代艺术基金会等
保罗·安德鲁	Paul Andreu	北京国家大剧院、巴黎戴高乐机场、上海浦东新机场等
雷姆·库哈斯	Rem Koolhaas	中央电视台新总部大楼、法国图书馆等
安藤忠雄	Tadao Ando	光之教堂、水之教堂、奈良现代美术馆等
隈研吾	Kengo Kuma	Z58 水/玻璃、那须历史探访馆、马头町广重博物馆等

表 3-9　时尚设计

品 牌 名 字	英　　文	品牌符号与特征
路易威登	Louis Vuitton	经典的 LV 标志和棋盘格图案（Monogram 和 Damier）
香奈儿	Chanel	交织的 "C" 字标志、黑白配色和菱格纹理（Quilting）
爱马仕	Hermès	鲜明的橙色包装和马车的品牌标志
古驰	Gucci	双 G 标志、绿红绿条纹和蛇图案
普拉达	Prada	简洁的红色标志牌和尼龙材质
卡地亚	Cartier	经典的红色礼盒和罗马数字表盘设计
宝格丽	Bvlgari	古罗马风格字体 BVLGARI 和蛇形设计（Serpenti）
范思哲	Versace	黄金色的美杜莎头像和古希腊风格的图案
蒂芙尼	Tiffany & Co.	经典蒂芙尼蓝和白色缎带
巴黎世家	Balenciaga	简洁的黑白标志和未来主义风格的设计
巴宝莉	Burberry	标志性的格子图案（Burberry Check）和风衣设计
博缇嘉	Bottega Veneta	经典的编织皮革（Intrecciato）图案

3.3　参数

参数设置是细化和精确控制生成结果的重要手段，它们位于提示词的最末端，以两个连字符 "--" 作为开头，各参数之间通过空格分隔。

相较于提示词，参数的使用可以更加精确地影响生成结果，例如确切地指定使用的模型、设定图像的宽高比，以及对某些具有明确取值范围的属性进行精准设定（如风格化程度、参考图片权重等）。这样的参数设置不仅提高了结果的可预测性，还增加了创作过程的灵活性和控制力。

3.3.1　参数列表

常用的参数如表 3-10 所示。

表 3-10　常用参数

参 数 名 称	作　　用	常 用 程 度
--version / --v	选择出图模型	☆□☆
--stylize / --s	调整风格化权重，改变模型对出图的影响	☆□☆□☆□□
--aspect / --ar	调整图片宽高比	☆□☆□☆□☆□☆□
--chaos / --c	调整图片混沌值，使风格多变	☆□☆□☆□
--quality / --q	调整图片质量及运算时间	☆□☆
--no	设定负向提示词，避免某些元素生成	☆□☆□☆□☆□
--seed	使用某个特定"初始噪点"	☆□☆□☆□☆
--tile	无缝平铺图案	☆□☆□
--iw	设定图片提示的权重	☆□☆□☆□☆□☆

3.3.2　版本与默认风格

目前可选的版本范围有 v1、v2、v3、v4、Niji v4、v5、Niji v5、v5.1、v5.2。不同的模型有不同的默认风格倾向。

下面来区分不同模型的具体表现，首先来观察 Midjourney。提示词统一为："an orange cat"（一只橘猫），仅改变版本，具体如图 3-21 所示。

图 3-21　Midjourney 不同模型的图片效果

随着技术的进步和版本的更新，可以发现生成的图像对于提示词的响应变得更为精准，图像本身的细节表现也趋于丰富。特别是从 v5.1 版本开始，系统对艺术风格化的处理能力有了显著提升。如果用户希望减少这种风格化效果，可以选择启用 RAW 模式，这样可在一定程度上保持图像的原始感和细微的真实性。

接着来观察 Niji journey 在不同模式下的表现，还是使用相同的提示词："a girl is running

on the grass, sunny day"（一位女孩在草地上奔跑，晴天）。

　　对于相同的内容提示词，可以明显看出不同风格的表达倾向有所区分。Original（原始模式）通常倾向于呈现标准的二次元动漫风格；Expressive（表现模式）的特点是强调动作动感和表情多变，同时人物造型也会更成熟；Cute（可爱模式）则倾向于营造 Q 版萌态，尤为适合儿童绘本和手账创作；Scenic（风景模式）擅长描绘壮观的自然风光，非常适合海报制作；Default（默认模式）则集上述风格的特点于一身，展现出一种综合效果，具体效果如图 3-22 所示。

图 3-22　Niji journey 不同模型的图片效果

3.3.3　风格化权重

　　就像 3.3.2 中的示例展示的那样，Midjourney 和 Niji journey 都拥有一个默认的艺术风格。我们可以通过在提示词末尾加上"--stylize"或"--s"并在空格后添加数值，来调整这个风格化的表现权重，如图 3-23 所示。

图 3-23　风格化权重

　　数值较低时，更容易生成与提示词紧密匹配但不太艺术化的图像。数值较低时，更容易生成非常艺术化但与提示词关联较弱的图像。具体效果如图 3-24 所示。

　　示例提示词："orange cat and apple"（橘猫和苹果）。

图 3-24　不同风格化数值的表现

　　通过对一组相同的提示词进行不同风格化权重（s 值）的调整，可以观察到生成图像的风格变化。当风格化权重设置为较低值（如 s=0）时，生成的图像几乎不会展现出 v5.2 版本特有的类似唯美油画的风格；然而，当风格化权重调整到较高值（如 s=1000）时，v5.2 版本独有的画风就变得十分明显。

不过，值得注意的是，较高的风格化权重可能会导致图像中出现一些意外的元素，比如原本应当只有橘猫和苹果，结果却生成了橙子和其他水果。

为了进一步深入探索，还可以使用 Niji journey 进行生成实验，提示词："orange cat and apple --style expressive"（橘猫和苹果 -- 表现模式）。具体效果如图 3-25 所示。

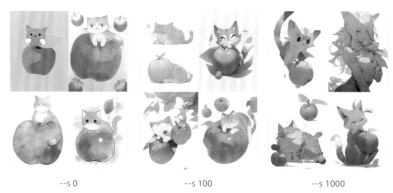

图 3-25　Niji journey 中的表现

在使用 Expressive 风格进行图像生成时，通过搭配不同的风格化数值，可以明显地看出生成图像风格的变化。在低风格化权重（如 s=0）的情况下，生成的图像往往缺乏 Expressive 风格特有的那种厚重笔触效果，画面整体显得更加幼稚可爱；反之，当风格化权重提升到高值（如 s=1000）时，Expressive 风格的特点开始明显地显现出来，图像的画风变得更为夸张和富有表现力，甚至出现了更成熟的拟人化特征。

不过，值得注意的是，高风格化权重也可能带来某些预期外的改变，例如在这个例子中，虽然角色表现得更富有风格，但苹果元素可能会消失不见，这说明在强化某些风格特征时，AI 可能在内容的完整性方面有所取舍。

3.3.4　宽高比

在提示词末尾加上"--ar"或"--aspect"，并在空格后添加数值，可以设定出图的宽高比，如图 3-26 所示。

图 3-26　设定宽高比

示例提示词："an orange cat"（一只橘猫），具体效果如图 3-27 所示。

> **注意**
> （1）宽高比有默认数值。在 Midjourney 中默认为 1:1，在 Niji journey 中默认是 3:4。
> （2）数值中不能有小数点。如果想输入 1.23:1，需要改写成 123:100。
> （3）可通过缩放和平移，无视宽高比重新调整画面构图，具体可参见 3.4.2 小节。

--ar 1:1　　　　　　　　　--ar 16:9　　　　　　　　　--ar 3:4

图 3-27　不同宽高比的表现

3.3.5　混沌（结果多样性）

在提示词末尾加上 "--chaos" 或 "--c"，并在空格后添加数值，可控制出图结果的多样性，如图 3-28 所示。较低的 chaos 值会获得相对稳定且近似的结果，但随着 chaos 值升高，生成的四宫格图会出现更加多变和意想不到的结果和布局，就好像为自己的创作过程增加了一个随机元素。

图 3-28　混沌值

这种方法尤其适用于当创作者没有具体的图像预期，或者希望 AI 能够提供出乎意料的新角度和灵感时使用。适当地提高 chaos 值，就像打开了一个盲盒，充满了惊喜和探索的乐趣。

示例提示词："orange cat and apple"（橘猫和苹果），具体效果如图 3-29 所示。

--c 0　　　　　　　　　--c 25　　　　　　　　　--c 50

--c 75　　　　　　　　　--c 100

图 3-29　不同混沌值的表现

可以看到，随着 chaos 值的递增，AI 生成的图像在风格、元素、颜色和构图上会显示出更广泛的变化。生成的 4 张图之间的风格差异也越来越大。

> **注意**
>
> （1）chaos 参数默认为 0，取值范围为 0 ～ 100。
>
> （2）开启 Raw Mode 时，无论 chaos 参数值是多少，都对结果影响不大。

3.3.6 质量

在提示词末尾加上"--quality"或"--q"，并在空格后添加数值，可控制出图结果的质量及时间，如图 3-30 所示。较高的质量会产生更多的细节，但相应的也会花费更长的处理时间。但不管质量如何设置，都不会影响分辨率。

图 3-30　质量

鉴于生成图片需要花费大量处理时间，并且 Fast Hour（快速时长）是有限的资源。当有较多生成任务但对提示词还不具备十足把握时，可尝试先搭配低质量快速试错和调试，待提示词生成的效果比较满意和稳定后，再提高质量。

示例提示词："cute little polar bear, super details"（可爱的小北极熊，超级细节），具体效果如图 3-31 所示。

--q .25　　　　　　　　--q .5　　　　　　　　--q 1

图 3-31　不同质量值的表现

示例中应用不同的质量参数（q 值）对 AI 生成图像的清晰度和细节进行了调整。对于相同提示词的生图结果：使用低质量参数（q=0.25）生成的图像处理速度快，但图像的细节较差，看上去比较模糊。而使用高质量参数（q=1）时，处理时间虽然更长，但所生成图像的细节，如毛发质感和环境光线效果，会非常细腻和清晰。

> **注意**
>
> （1）质量参数默认为 1，取值范围为 0.25 ～ 1。在输入时，需要将 0 去除。如想要设置为 0.25，则只输入：--q .25。
>
> （2）质量参数只影响初始图像的生成，基于已有高质量图片做变化（Vary）时不能降低质量。

3.3.7　负向提示词

在生成图像时，有时会发现最终结果中出现了一些不希望包含的元素。仅仅在提示词中加入"don't ..."等否定式描述，并不足以让 AI 理解并避开这些内容。为了针对性地排除特定的元素，可以使用"--no"参数。

在提示词末尾添加"--no"参数，后跟一个空格，然后输入希望避免的具体内容，AI 就会根据指令尽量不生成那些元素，如图 3-32 所示。

图 3-32　负向提示词

示例提示词："many cute cats "（许多可爱的猫），具体效果如图 3-33 所示。

many cute cats　　　　many cute cats, don't show　　　many cute cats --no black
　　　　　　　　　　　　　me black cats　　　　　　　　　　cats

图 3-33　负向提示词的表现

注意

（1）no 参数只能在一定程度上避免，目前还不能确定地去除。
（2）no 参数与之前讲过的"提示词负数权重"的效果相同，具体可参见 3.2.4 节。
（3）如果想对特定区域内的某个元素去除，可以尝试局部重绘功能，具体操作可参见 3.4.2 节。

3.3.8　种子编码

Midjourney 每次生成图片前都会随机产生噪点，作为每个生成图最初的样子，每个初始的随机噪点，都对应着一个 seed 编码。通过使用同一个 seed 编码，可以使用同一个初始噪点，再搭配相似的提示词，便会生成相似的结果图。可以利用这个参数提高结果的稳定性和连续性，如图 3-34 所示。

图 3-34　种子编码 seed

由于扩散模型的随机性，即使使用相同的提示词，连续两次生成的结果也不同。但若提示词保持相同，且使用了同一个 seed 约束后，生成结果就会完全一致。示例提示词 A："cute girl, blonde long hair, black round circle glasses, white T-shirt, light smile, standing, in the office,

Pixar style, 3d art, 8k resolution"（可爱的女孩，金色长发，黑色圆框眼镜，白色 T 恤，轻微微笑，站在办公室，皮克斯风格，3D 艺术，8K 分辨率），具体效果如图 3-35 所示。

提示词A　　　　　　　　　　提示词A再次生成　　　　　　　　　提示词A --seed A

图 3-35　使用相同种子 + 相同提示词

如果继续使用同一个 seed，只对提示词进行微调，生成的结果将会高度相似。示例提示词 B："cute girl, blonde long hair, red round circle glasses, white T-shirt, light smile, standing, in the office, Pixar style, 3d art, 8k resolution"（可爱的女孩，金色长发，红色圆框眼镜，白色 T 恤，轻微微笑，站在办公室，皮克斯风格，3D 艺术，8K 分辨率），具体效果如图 3-36 所示。

提示词A　　　　　　　　　　　　提示词B --seed A

图 3-36　使用相同种子 + 不同提示词

seed的获取步骤如下。

Step01 在图片右上角单击"笑脸"图标以添加反应，如图 3-37 所示。

Step02 在官方表情中找到"信封"表情，或在反应的搜索框中输入"envelope"。

Step03 单击"信封"表情后，查看整个界面的左上角的 Midjourney 图标，将显示有收到新消息，如图 3-38 所示。

图 3-37　添加"信封"表情　　　　　　　　　　　　　　　图 3-38　查看私信

Step04 单击 Midjourney 图标查看私信，在反馈区将看到包含刚刚那张图片的一些数值的消息。其中 seed 后面的数字就是种子编码，如图 3-39 所示。

图 3-39　获得图片的 seed

3.3.9　无缝平铺图案

在提示词末尾加上"--tile"生成的图片，可以实现重复时边缘处无缝连接，如图 3-40 所示。在一些使用场景下，如壁纸、纹理、织物样式等需要平铺展开时，会有非常好的效果。

图 3-40　无缝平铺

示例提示词："polar bear --tile"（北极熊 -- 平铺），具体效果如图 3-41 所示。

图 3-41　无缝平铺的表现

3.4　命令

命令是用户在 Discord 这个平台上与 Midjourney 等工具进行互动时，用来触发各种操作的方式。例如，要求 Midjourney 创作一幅画便是一种操作。这些操作通常以左斜线"/"开头，系统会根据用户输入的提示词自动推荐相应的命令列表，选择相应的命令即可执行。

3.4.1 命令列表

命令列表如表 3-11 所示。

表 3-11 命令列表

参 数 名 称	作　　　用	常 用 程 度
/imagine	开始 AI 绘图	☆ □ ☆ □ ☆ □ ☆ □ ☆
/settings	调整设置和默认项	☆ □ ☆ □ ☆ □ ☆ □□□
/describe	以图反推提示词	☆ □ ☆ □ ☆ □ ☆ □□
/shorten	精简提示词	☆ □ ☆ □ ☆ □
/tune	创作风格代码	☆ □ ☆ □ ☆
/blend	图片风格混合	☆ □ ☆ □□

3.4.2 想象（画图）

在对话框中输入"/imagine"，按【Enter】键后在黑色的 prompt 框中填写提示词。完成输入后再次按【Enter】键，稍作等待，就能看到生成的图片。

示例提示词："a bear is drinking beer"（一只熊在喝啤酒），具体效果如图 3-42 所示。

原始生成结果　　　　　　　　　　V3　　　　　　　　　　全部刷新

图 3-42 image 画图

在图片下方有两行按钮，它们的功能分别如下。

第一行按钮是"U+ 数字"，其中"U"代表 Upscale（放大图片）。数字 1 ～ 4 分别对应四宫格图中的 4 张图片，顺序为左上 [1]、右上 [2]、左下 [3]、右下 [4]。如果在生成的 4 张图片中找到了自己所喜欢的，可以单击对应的"U"按钮，系统会放大该数字对应的图片，并在放大的过程中添加更多细节。

第二行按钮是"V+ 数字"，"V"代表 Vary（变化）。如果认为生成的某张图片的风格方向正确，但需要进一步调整或优化，可以单击对应的"V"按钮，以此图为基础生成新的四宫格图。如果生成的 4 张图片都不符合预期，可以单击最后的刷新按钮，系统将重新生成 4 张新图片。

例如，单击"U3"表示选择放大左下角的图片。稍等片刻，将看到该图片的放大版本，并在此图片下方再次出现新的 3 行按钮，这些按钮分别对应继续变化、局部重绘、高清放大、缩放和平移等功能，如图 3-43 所示。

1. 继续变化

继续变化功能分为两种变化强度：Vary（Strong）表示"强变化"，单击该按钮后生成的新四宫格图与原图存在显著差异。Vary（Subtle）表示"微变化"，单击该按钮后生成的新四宫格图与原图保持较高的相似度，差异较小，如图 3-44 所示。

图 3-43　图片放大后的可执行命令　　　　　　图 3-44　继续变化

单击 Vary（变化）按钮时会显示提示词弹窗，可以对提示词进行调整。下面对相同的图进行不同强度的变化，同时对比提示词的维持不变和调整变化，来感受一下不同效果，如图 3-45 所示。

原图

Vary(Strong)　　　　　　Vary(Subtle)

a bear is drinking beer　　　　a bear is drinking beer

a bear is drinking beer,　　　a bear is drinking beer,
red clothes　　　　　　　red clothes

图 3-45　不同变化强度的表现

2. 局部重绘

图 3-46　局部重绘

单击 Vary（Region）按钮后会打开一个窗口，允许用户在原图的基础上进行局部重绘，如图 3-46 所示。

操作方法是使用矩形选择工具或自由套索工具圈选出希望重绘的区域，只有选中的区域会被修改。请注意选取的面积不能太小，以免影响最终效果。如果需要撤销选区，可以单击左上角的返回按钮。

在进行局部重绘时，提示词中仅需填写想要重绘区域对应的具体描述。完成输入后，单击对话框右侧的"箭头"按钮，提交重绘指令。此方法特别适用于对图片进行精细调整，如改变眼睛的睁闭状态、调整面部表情的情绪，或修复 AI 生成图片中常见的手部结构问题等。

图 3-47 演示了局部重绘功能的使用。在界面中，圈选了熊的头部区域并在提示词中添加了"戴着牛仔帽"。执行重绘命令后，可以发现生成的图片中的熊戴上了牛仔帽。

图 3-47　局部重绘的操作

3. 高清放大

单击 Upscale 按钮后，图片会在原图分辨率基础上放大 2 倍或 4 倍，如图 3-48 所示。

放大后的图片的画质变得更加清晰。以方形图为例，初始分辨率为 1024×1024，二倍图为 2048×2048，四倍图为 4096×4096，文件大小也从最开始的 1.5MB 变成 5.8MB 再变成了 23.4MB。需要注意的是，在放大过程中并不会增加新的细节，如图 3-49 所示。

图 3-48　高清放大　　　　　　　　　　图 3-49　不同放大倍率的表现

4. 缩放外扩

在已经放大过的图片下会出现缩放按钮，单击缩放按钮可以在原图范围不变的基础上进行 1.5 倍、2 倍的缩放外扩。同时，也支持输入自定义倍数，取值范围是 1.0 ～ 2.0，可以为小数，如图 3-50 所示。

图 3-50　缩放外扩

选择自定义缩放时，还支持对提示词进行重新调整。如果图片的宽高比不是 1:1，还会出现一个 Make Square（变成正方形）的按钮，单击该按钮后会在原图基础上进行左右或上下补充，使这张图变成一个正方形。

这一系列功能的目的都是在原图基础上获得更大的取景范围，从而方便人们根据不同的需求完成构图的调整，具体效果如图 3-51 和图 3-52 所示。

图 3-51　外扩与原图的关系 1

图 3-52　外扩与原图的关系 2

图像缩放外扩有以下两种有趣的应用方式。

第一种是通过连续的缩放外扩来创造出具有"无限套娃"效果的图片，如果结合视频特效软件，可以制作出令人惊叹的动态视频效果。

　　第二种是通过对图像中主体的特写进行缩放外扩，有助于保持内容主体的连贯性。对于第二种应用方式，下面通过一个实例来展示效果。

　　详细步骤如下。

　　Step01 输入提示词 "extreme close-up, face shot, a handsome man, light smile, happy face（超特写，面部镜头，一个英俊的男子，轻微的微笑，快乐的面容）"，获取到男子的面部特写图像。

　　Step02 单击 Custom Zoom（自定义缩放）按钮，并对提示词进行修改，改为 "a doctor, wearing white lab uniform（一位医生，穿着白色实验服）"。

　　Step03 完成缩放外扩后，就可以获得一个外观相似并穿着白大褂的男子的图片。再次单击 Custom Zoom（自定义缩放）按钮，继续修改提示词为 "standing in the hospital, indoor（站在医院里，室内）"，这样就能在前一步的基础上加入医院环境元素。

　　采用相同的逻辑，可以创建出这位男子分别成为工人、厨师、警察的照片，如图 3-53 所示。

图 3-53　图片外扩的应用

5. 平移外扩

图 3-54　平移外扩

平移与缩放的逻辑类似，在原图范围不变的基础上，根据箭头向对应方向进行定向外扩，同样可以进行构图调整，并保证主体的统一。平移时也同样支持对提示词的重写，如图 3-54 所示。

　　下面继续用喝啤酒的熊来做演示，示例提示词为 "a bear is drinking beer（一只熊在喝啤酒）"，并且在获取的结果上直接单击平移箭头进行缩放外扩，同时不更改提示词。

　　这样操作后，会合并得到 4 个方向平移外扩的结果，虽然各图按照对应方向进行了扩展，但是其中有 3 张图额外加入了酒杯。为了避免出现这类重复或不合逻辑的生成结果，在进行缩放外扩时，只需在提示词中添加针对新扩展部分的描述即可。

　　例如，在向下平移外扩时，若将提示词修改为 "wearing boots（穿着靴子）"，那么再次得到的图像就会更加贴合逻辑，如图 3-55 所示。

图 3-55　平移外扩的应用

3.4.3　设置

　　使用 /settings 命令，可对一些常用设置进行灵活切换，如模型版本、风格权重、工作模式、公开模式等，如图 3-56 所示。

图 3-56　设置

注意

　　（1）如果同时添加了 Midjourney Bot 和 Niji journey Bot，则在使用 /settings 命令时会弹出两个命令，注意区分。

　　（2）白色小船是 Midjourney，绿色小船是 Niji journey。

两个 settings 的设置面板分别如下。

1. Midjourney-settings

- 默认后缀，根据用户的设置，自动加在已提交任务的提示词末尾。
- 模型切换，单击可在下拉列表框中切换模型。具体差异请参见 3.3.2 节。
- RAW Mode（原始模式），在 v5.1、v5.2 中才有，单击点亮后会降低模型默认的风格倾向。
- 风格权重，分 4 个挡位可选，具体可参见 3.3.3。
- Public mode（公开模式），单击点亮后，所生成的图将可被其他用户看到。
- Remix Mode（调整模式），单击点亮后每次进行"变换"操作时，将允许重新调整提示词，同时混合原始图像的构图作为新任务的一部分。非常适合在确定的内容基础上进行微调，逐步实现复杂构图，相当于省去了准备"垫图"的步骤。
- Variation Mode（变换模式），可参考 3.4.2 节中关于继续变化的说明。
- Sticky Style（固定风格），具体可参考 3.4.6 的风格炼制命令 /tune。
- 出图速度模式，提供了 3 个不同的速度挡位供选择，速度逐级降低。
- 重置所有设置，单击后恢复默认设置。

以上具体命令如图 3-57 所示。

图 3-57　Midjourney 的设置面板

2. Niji journey-settings

相比 Midjourney-settings，不同点在于，Niji v5 有 5 种默认风格可选，如图 3-58 所示。具体差异请参见 3.3.2 节。

图 3-58　Niji journey 的设置面板

3.4.4　图片转提示词

使用 /describe 命令，可以通过上传图片，反推出 4 个可能的提示词。

当看到效果出色的 AI 绘图时，会想要做出同款效果，但并没有提示词，也无法直接准确通过文字描述出内容或风格，而仅通过"垫图"根本无法还原相似效果。此时就可以通过 /describe 命令，利用图片反向推导探索提示词，进而生成相似的图片。在日常设计中，便可以更高效、更精准地实现想要的图片效果。

需要注意的是，通过 /describe 命令生成的提示词并不能精准重现上传的图片，但可以从 AI 反推的提示词中获得灵感，从而更深入地理解提示词的编写逻辑，同时学习到更多的美学风格，从而在未来的创作中运用这些知识以达到更好的效果。

详细步骤如下。

Step 01 在对话框中输入"/describe"并选择相应的命令，如图 3-59 所示。

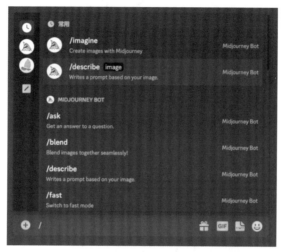

图 3-59　描述

Step 02 单击图片并拖入 Discord 界面中；或单击对话框左边的"加号"按钮，选择图片并单击"上传"按钮。添加后按【Enter】键，如图 3-60 所示。

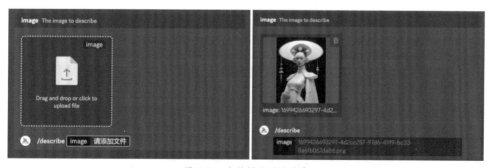

图 3-60　上传描述用的图片

Step 03 可以获得 4 段不同的提示词，如图 3-61 所示。

在使用反推提示词生成图片的过程中，会得到 4 个可能的提示词选项。可以选择其中一个最有可能符合预期效果的提示词进行生成，或者单击 Imagine all 按钮，用这 4 个提示词分别生成图片。通过比较这些生成图片的效果，可以直观地看出哪一张图片的风格与预期最为相近，如图 3-62 所示。

图 3-61　描述命令反馈的提示词

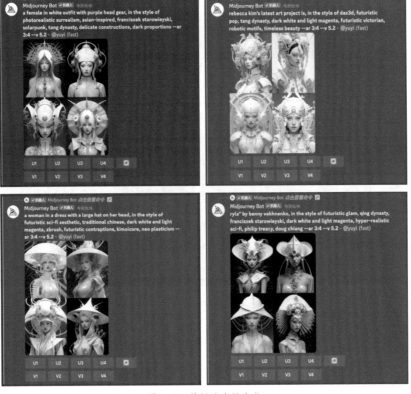

图 3-62　将描述直接生成

　　关于进一步优化提示词，可以选择接近期望效果的第 3 组和第 4 组提示词，并同时利用提示词分析工具进行深入分析。该工具将自动翻译提示词，并在界面右侧以独立的词条显示。

　　在分析第三组提示词时，可以单击相关词条的按钮，以去除与期望效果关联性不大的提示词，如"繁体中文"。同时，从第四组提示词中挑选出可能相关的词条，如"超现实主义科幻"，并将其拖曳到第三组提示词中，完成对提示词的优化，如图 3-63 所示。

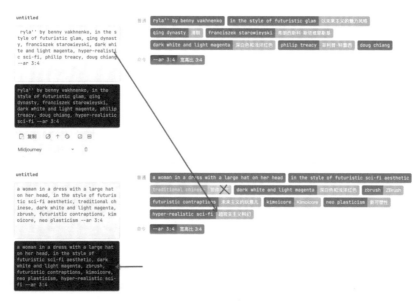

图 3-63　使用提示词分析工具再优化

　　为了验证出图效果，将优化完成的提示词，将原图链接一并输入在 /imagine 命令的 prompt 框中，并在末尾加上图片权重参数"--iw 2"。可以看到最终效果与期望的图片非常接近，如图 3-64 所示。

图 3-64　对提示词进一步优化

3.4.5　提示语精简

AI 绘图是基于对用户输入的提示词的理解，在大数据中不断修正和拟合，最终反馈给用户。但提示词并不是输入越多越好，相反，输入过多的提示词会造成 AI 理解不准确，达不到预期。这个过程可以类比于古代的煎煮草药，一些处方可能包含几十种药材，但确定哪些是主要有效成分往往颇具挑战，有时候某些药材的组合甚至可能产生不良反应或毒性。

使用 /shorten 命令，可以自动分析出提示词中的有效部分，并去除其中同质化或不必要的描述，使提示词变得更加简洁、高效。此命令通常会去除诸如冠词、介词、连词等辅助性词汇，优化提示词至核心的词和短语。因此，在手动编写提示词时，也可以采取类似的策略以提高效率。

在下面的对话框中输入"/shorten"，按【Enter】键后在黑色的 prompt 框中填写提示词。输入完成后再次按【Enter】键，稍等即可得到反馈。可以看到提示词中的有效和无效部分，并得到 5 条精简后的提示词。单击下方数字可以直接按精简提示词生成图像，如图 3-65 所示。

单击 Show Details 按钮，能够从新的反馈信息中查看到 AI 对当前提示词的理解和权重分配。如果这些权重信息与自己的预期有出入，便可以根据反馈进行适当调整，如图 3-66 所示。

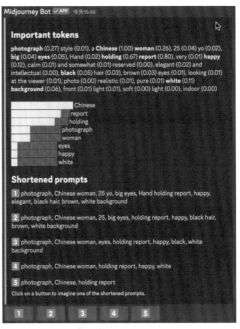

图 3-65　提示词精简结果　　　　　　　　图 3-66　AI 对提示词的权重分配

3.4.6　风格炼制

在 3.3.2 节中提到过，制定提示词时要考虑内容和风格两个要素。对于已经明确所需风格的情况，可以直接使用相应风格的提示词，或使用 /describe 命令反推图片获得风格，再搭配垫图实现期望效果。

然而，如果对所需的风格没有明确期望，或不清楚风格的核心提示词，就可以采用其他工具，如 Style Tuner（风格调谐器），这样的工具允许用户主动创造全新风格。

通过 Style Tuner（风格调谐器）创造的风格会生成唯一的风格代码，这个代码可在其他创作中重复使用，极大地确保了作品风格的一致性。更有意义的是，这些风格代码还能进行叠加混合，实现稳定性和灵活性的完美平衡。

详细步骤如下。

Step 01 在对话框中输入"/tune"并按【Enter】键，在 prompt 框内输入提示词，如图 3-67 所示。

图 3-67　风格炼制

Step 02 再次按【Enter】键，在反馈区会得到选项信息，如图 3-68 所示。

图 3-68　风格炼制的反馈信息

Step 03 选择 32 Style Directions（32 个风格方向）选项，展开下拉列表框。数值越大，可探索的风格方向就越广泛，从而增加了找到期望风格的可能性。但需要注意的是，更多的风格方向会相应地消耗更多 Fast Hour（快速时长）资源，如图 3-69 所示。

Step 04 选择 Default mode（默认模式）选项，在下拉列表框中有 Default mode（默认模式）和 Raw mode（原始模式）两种可选。炼制过程会受到所选模式固有风格的影响。通常情况下，选择 Default mode（默认模式）选项即可，如图 3-70 所示。

图 3-69　选择炼制模式　　　　　　　　　图 3-70　选择炼制模式

Step05 单击 Submit（提交）按钮，按钮会更新为 Are you sure（二次确认）按钮，在按钮上还会显示本次操作消耗的快速时长数。单击 Are you sure（二次确认）按钮，即可开始后台计算，如图 3-71 所示。

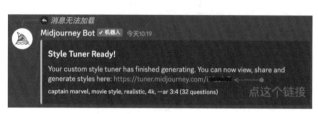

图 3-71　二次确认

上述操作全部完成后，等待一段时间便会在反馈区收到一个 Style Tuner Ready 的信息，如图 3-72 所示。单击蓝色高亮链接，会跳转到一个风格编辑的新页面，其中显示了所有已计算好的不同风格方向的图像汇总。

注意，这种 Style Tuner Ready 的反馈信息可能在重新登录后将不再显示。但只需单击左上角的 Discord 图标，然后单击 Midjourney Bot，将显示所有历史创建的风格编辑页面的入口链接，且均已通过私信形式保存完好，如图 3-73 所示。

图 3-72　炼制成功　　　　　　　　　　　　　　　　图 3-73　查看之前的风格编辑页

进入风格编辑页后可以看到两种编辑模式：一种是"两张图片对比选择"，另一种是"平铺网格自由选择"。

如果之前选择的是默认的 32 个风格方向，页面上将展示出 32 个四宫格图供用户选择。在"两张图片对比选择"模式下，每做出一次选择，在图片右下角都会显示这组四宫格图对应的风格代码，如图 3-74 所示。

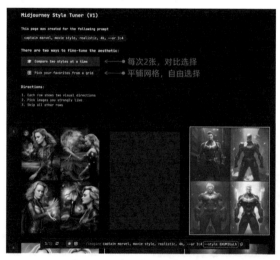

图 3-74　风格编辑页 - 每次 2 图

而在"平铺网格自由选择"模式下，可以根据喜好自由选择任意的图像，如图 3-75 所示。

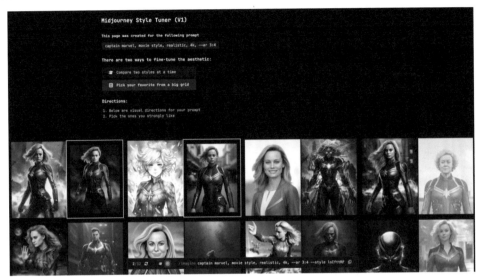

图 3-75　平铺网格

单击符合预期的四宫格图，在页面底部可以看到最终的风格代码。如果选中了多个风格方向，此时的风格代码就是这些风格叠加后的综合效果。需要特别注意的是，官方推荐选择 5 ～ 10 个方向以取得最佳效果，但用户也可以根据自身的具体需求进行选择。

进阶用法如下。

- 使用单个风格：输入参数"--style <代码>"。
- 混合多个风格：输入参数"--style <代码 1>-<代码 2>-<代码 n>"，其中不同的风格代码之间通过"-"符号连接。
- 配合参数 stylize（风格化权重）使用，取值范围为 20 ～ 1000。
- 将其设置为默认参数以节省时间。在命令 /settings 中单击 Sticky Style 按钮使之激活，系统将会记住当前风格代码，并在下次使用时自动应用。

3.4.7　混合

使用 /blend（混合）命令能够将 2 ～ 5 张图片，按照它们的内容和风格融合成一张全新图片。但是，该命令仅支持图片上传，不接受文本提示词。

详细步骤如下。

Step01 在对话框中输入"/blend"并选择相应的命令。

Step02 依次单击需要混合的多张图片，并拖入 Discord 界面中。

Step03 若想上传 3 张及以上照片，可以单击对话框右侧的"增加 4"按钮，如图 3-76 所示。单击后会出现选项列表，按需选择想要增加的图片数量即可。

Step04 若想设置生成图的长宽比，可在选项列表中选择 dimensions 选项，然后按需选择不同的长宽比即可，如图 3-77 所示。为了确保最佳效果，请上传宽高比一致的图片。

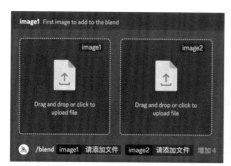

图 3-76　混合命令

全部操作完成后按【Enter】键，提交后稍作等待，便可得到混合后的图片，如图 3-78 所示。

图 3-77　添加多张图片及改变长宽比

图 3-78　混合效果

3.4.8　查看信息

使用 /info 命令，可在反馈中查看到当前排队、运行中的任务、剩余快速时长、续订日期等信息，如图 3-79 所示。

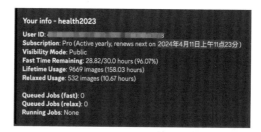

图 3-79　查看信息

每条信息的具体释义如下。

- User ID（用户身份号码）：Midjourney 用户的唯一标识，通常不需要。
- Subscription（订阅）：显示当前订阅类型及下一次续订日期。
- Job Mode（工作模式）：显示当前使用的是快速模式还是放松模式。放松模式只适用于标准和专业订阅的用户。
- Visibility Mode（公开模式）：显示当前设置为公开模式还是隐秘模式，后者仅适用于专业计划订阅的用户。
- Fast Time Remaining（剩余快速时长）：显示本月剩余可用的快速 GPU 处理时间。快速时长每月重置，不会保留至下月。
- Lifetime Usage（累计使用情况）：显示当前账户的累计使用数据，包括所有类型的图像。
- Relaxed Usage（轻松模式使用情况）：显示本月使用放松模式的情况。频繁使用这一模式的用户可能会遇到更长的等待时间，每月数据重置。
- Queued Jobs（排队中的任务）：显示当前账户下所有处于排队等候状态的任务，最多可有 7 个任务同时排队。
- Running Jobs（运行中的任务）：显示当前账户下正在运行的所有任务，一次最多运行 3 个任务。

3.5　本章小结

（1）Discord 界面可简单分为 3 部分：输入区、反馈区、应用及频道区。

（2）输入提示词时要注意基本格式和准确性，准确性可由文字、图片、风格限制来引导，同时要理解权重对于 AI 生成结果是非常重要的。

（3）常用参数有 9 个，可根据不同的使用场景灵活混合使用。

（4）常用命令有 6 个，其中最重要的 /imagine 和 /settings。

第 4 章

Midjourney 高阶玩法

在第 3 章中学习了提示词、命令、参数的使用方法，已经可以从功能层面玩转 Midjourney 并灵活地运用 AI 出图了。本章将介绍一些偏摄影、摄像方面的进阶玩法，让提示词更加精准地表达自己的意图，提高 AI 出图的控制力。

4.1 镜头视角

在摄影和摄像中，镜头视角决定了镜头所能捕捉到的视野范围与景深效果，在影响图像的表现力与观感上起着关键作用。通过使用不同的镜头视角，能够呈现出多样化的画面效果和观察视角，如图 4-1 所示。

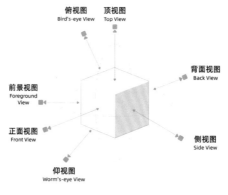

图 4-1 镜头视角

适当变换镜头视角能够更有效地传达画面的情境，创造出具有特色的视觉效果和感受。在提示词中加入视角描述，可以突破传统的水平线视角，呈现更为引人入胜的艺术效果。这也是那些看似平常的风景，通过无人机从高空拍摄后，视觉效果立刻提升成为史诗级大片的原因。

镜头视角在摄影和设计领域中有多种类别，表 4-1 所示为常见的镜头视角。

表 4-1　镜头视角

提 示 词	英 文	使 用 场 景
顶视图	Top View	从被拍摄物体或场景的顶部向下拍摄，呈现俯视的视角
侧视图	Side View	从物体或场景的侧面拍摄，呈现侧面的视角
正面视图	Front View	从物体或场景的正面拍摄，呈现正对观察者的视角
背面视图	Back View	从物体或场景的背面拍摄，呈现背对观察者的视角
俯视图	High-angle View	从较高的角度向下拍摄，呈现鸟瞰的视角
仰视图	Low-angle View	从较低的角度向上拍摄，呈现仰视的视角
前景视图	Foreground View	强调主体前方的景物或元素，使其在画面中更突出
背景视图	Background View	强调主体后方的景物或元素，用来衬托主体
广角视图	Wide-angle View	使用广角镜头拍摄，能够捕捉更广阔的景象
近景视图	Close-up View	将镜头靠近主体，使其填满画面，强调细节和纹理

可以根据拍摄需求和目的来选择不同的镜头视角，创造出不同的视觉效果和表达方式，如图 4-2 所示。

图 4-2　不同视角的效果

4.2　取景范围

在摄影和摄像中，除镜头视角，另一个至关重要的元素是"取景范围"。这个概念是指在构图时所选择的拍摄区域，它决定了画面中的主体在整个画幅中所占的比例，如图 4-3 所示。

远景
Long Shot

胸部以上
Chest Shot

脸部特写
Face Shot

全身像
Full Shot

极远景
全景
Extra long Shot

半身像
Medium
Shot

大特写
Close-up
Extreme close-up

腰部以上
Waist Shot

图 4-3 取景范围

不同的取景范围能够营造出不同的情绪氛围和视觉效果。例如，在人像摄影中，特写镜头能够让观众看到被摄者面部的细节和表情，从而更易于产生共鸣和传达情感；而远景镜头则帮助观众清晰地理解主体与其周围环境的关系，有效地展现故事背景。

在 AI 创作过程中，通过添加具体的提示词，能够精确地调整取景范围。此外，如果将取景范围的提示词与视角相关的提示词结合使用，则可以创作出更加出色的创作效果。

表 4-2 所示为常用的取景范围提示词及其适用的创作场景。

表 4-2 取景范围

提 示 词	英 文	使 用 场 景
极远景	Extreme long shot	极远景通常用于展示整个场景的规模和环境，使观众能够感受到宏伟的空间感和背景的重要性
远景	Long shot	用于拍摄广阔的景色和远处的景物
全身像	Full body shot	用于从头部到脚部拍摄人体。这种取景范围适合展示整体形象、衣着风格和整体姿态
半身像	Medium shot	用于从头部到腰部拍摄人体。半身像可以突出人物的表情、手势和上半身特征，适用于肖像摄影和人物纪实
腰部以上	Waist shot	用于从头部到腰部拍摄人体。这种取景范围更加突出面部表情和眼神，适用于人像摄影和情感表达
胸部以上	Chest shot	用于从胸部到头部拍摄人体。胸部以上的取景范围可以更加突出面部特征和表情细节，适用于肖像摄影和情感表达
脸部特写	Close-up shot	聚焦于人物的脸部范围，通常包括头部、面部特征和眼睛。脸部特写可以突出人物的面部特征、表情和细节，用于肖像摄影和情感表达

续表

提 示 词	英 文	使 用 场 景
大特写	Extreme close-up shot	聚焦于人物面部的特定部位或细节，如眼睛、嘴唇或皮肤纹理。大特写可以突出细微的面部特征、纹理和表情，用于强调细节和情感的表达

具体图例如图 4-4 所示。

extreme long shot

long shot

full body shot

medium shot

waist shot

chest shot

close-up shot

extreme close-up shot

图 4-4　不同取景范围的效果

4.3　光照氛围

光线的运用在绘画和摄影领域扮演着核心角色，它不仅提供必要的照明，更能突出物体的轮廓，创造独特的氛围和效果。通过巧妙地操控光线，可以产生令人难忘的视觉艺术效果，如表 4-3 所示。

表 4-3　光照氛围

光 照 分 类	提 示 词			
刻画主体轮廓	正逆光	Backlight	硬光	Hard light
	侧逆光	Sidelight	柔光	Soft light
	伦勃朗光	Rembrandt light		

续表

光 照 分 类	提 示 词			
营造环境氛围	日光	Bright daylight	冷光	Cool light
	日落光	Golden hour light	暖光	Warm light
	夜光	Nighttime light		
增添特殊效果	彩虹光	Rainbow light	红光	Red light
	火光	Fire light	蓝光	Blue light
	霓虹光	Neon glow		

　　以伦勃朗光为例，这种光线以其在眼睛下方产生的标志性三角形阴影而出名，给人一种柔和、温暖、自然且充满情感的视觉体验，非常适合人像摄影。这种光效能够为作品添加一种深度和维度，使其更加生动和引人入胜。

　　为了更好地说明光对画面的影响，下列图示都保持在相同内容框架下。

　　示例提示词："a handsome man, { 光照提示词 }, photo level, realistic, headshot"（一位英俊男士，光照提示词，照片级别，真实的，头像特写），具体效果如图 4-5 所示。

图 4-5　不同光照氛围的效果

4.4　质感纹理

　　本节列举了一些相对常用且效果稳定的材质，主要涉及金属矿石、纺织毛皮和自然元素三大类。虽然这些提示词无法涵盖所有类型的材质，但可作为大家在创作时的参考依据和灵感来源。

为了展示这些材质的效果，均以"苹果"为内容主体进行演示，并提供两种构建提示词的方法：一种是将形容词放在主体前面，如"frozen apple"（冰冻的苹果）；另一种是在主体后面加上名词，如"an apple made of ice"（由冰制成的苹果）。

在构建材质相关的提示词时，可以联想它们在不同的物理状态（如融化、漂浮、旋转）或化学状态（如氧化、燃烧、腐蚀）下的变化，能够使效果更为真实且充满动感，例如"melting ice"（融化的冰）或"embers"（燃烧殆尽的火焰）。

也可以尝试"反差感"，例如给予本身坚硬的主体一个柔软的材质属性，创作出"充气感凯旋门"，或逆向做出"漂在水面上的大理石游泳圈"，同样可令图片更具趣味性和艺术效果，如图 4-6 所示。

apple made of melting ice　　apple made of embers　　swimming ring made of marble　　The Eiffel Tower made of inflatable structure

图 4-6　不同材质的效果

接下来看几组不同的效果，首先是金属矿石类的提示词，如表 4-4 所示。它对应的效果如图 4-7 所示。

表 4-4　金属矿石

金	gold	蚀刻玻璃	etched glass
银	silver	彩色玻璃	stained glass
铜	bronze	陶土	clay
氧化金属	anodized	水泥	cement
金属锁子甲	chainmail	陶瓷	ceramic
玛瑙	agate	青花瓷	blue and white porcelain
琥珀	amber	岩石	rock
翡翠，绿宝石	emerald	沙子	sand
蛋白石	opal	大理石	marble
钻石	diamond	砖块	brick
水晶	crystal	马赛克砖	mosaic tile

图 4-7　金属矿石的效果

紧接着是识物毛皮类的提示词，如表 4-5 所示，它对应的效果如图 4-8 所示。

表 4-5　织物毛皮类

编制篮子	basketweave	褶皱的	crinkled
格子布	gingham	光滑的	glossy
亚麻布	linen	小珠串饰	beaded
绸缎	satin	条纹	striped
羊毛	wool	斑点的	dotted

续表

棉花	cotton	皮革	leather
毛茸茸	fur	蛇皮	snake leather

图 4-8　织物毛皮的效果

最后是自然元素类的提示词，如表 4-6 所示。它对应的效果如图 4-9 所示。

表 4-6　自然元素类

水	water	土	soil
水滴	water drop	木头	wood
泡泡	bubble	苔藓	moss
溅射的	spurting	藤蔓	vine
泛起涟漪的	rippled	花瓣	petal
冰	ice	电	electricity
冰冻的	frosted	雷电	thunder
破碎的冰	cracked ice	全息投影	holographic
融化的冰	Melting ice	光粒子	light particles
果冻胶体	jelly	火	fire
透明的	transparent	热爆炸	thermal explosion
充气装置	inflatable structure	余烬	embers

water　　water drop　　bubble　　spurting　　rippled

ice　　frosted　　cracked ice　　melting ice　　jelly

transparent　　inflatable structure

soil　　wood　　moss　　vine　　petal

electricity　　thunder　　holographic　　light particles

fire　　thermal explosion　　embers

图 4-9　自然元素的效果

4.5　本章小结

（1）在提示词中增加镜头视角描述，可以使画面跳脱出常规的水平线视角，获得更佳的艺术效果。

（2）在提示词中增加取景范围描述，可以突出主体特征，传递情感，或表达与环境之间的关系，提高故事性。

（3）在提示词中增加光的描述，可以强调主体轮廓，并创造氛围和特殊效果。

（4）在提示词中增加材质描述，可以使主体效果更生动、更真实，也更容易获得戏剧性和反差感。

（5）将这 4 类提示词综合运用，往往能创造出更佳的艺术效果。

第 5 章
Midjourney 商业实战

在第 4 章详细介绍了 Midjourney 在偏摄影、摄像方面的进阶玩法，让提示词更加精准地表达创作者的意图，提高 AI 出图的控制力。本章将综合所有学过的 Midjourney 基础使用和进阶技巧，进入可以变现的商业实战阶段。

5.1　人物头像设计

在之前，人们的个人头像往往选择自己的真实照片或流行的动漫角色形象。但现在，想象一下如果能够根据自己的面部特征，并用喜爱的动漫风格打造出一个与众不同的虚拟形象，将是一件非常炫酷的事情。现在通过 AI 就可能实现这样的人物头像设计，它不仅能为人们提供独一无二的专属创意表达空间，还能有效地保护个人隐私。

5.1.1　需求分析

假设需求方想要订制一个个性化的卡通头像，需要按照提供的参考照片，既可以实现从真人向卡通 3D 的风格转变，还需要保留一定的人物容貌特征，做到有识别性。

5.1.2　解决思路

在 Midjourney 中，基于人物头像的提示词框架并调整提示词，同时引入"垫图"作为图片参考，最终生成与目标人物的面貌特征相似的、有一定辨识度的 AI 虚拟头像。

5.1.3　AI 工作流

基于上述解决思路，设计工作流如图 5-1 所示。重点在于如何挑选"垫图"，并在"垫图"的基础上反复调整优化提示词，最终经过多次随机生成，获得有高辨识度的头像。

图 5-1　AI 人物头像设计工作流

1. 挑选垫图

为了增强 AI 生成图像的相似性，首要策略是使用上传图片作为提示，即所谓的"垫图"。

在选择垫图时要考虑以下几个要点：首先，选取以上半身或头部为主的照片，以增大面部占比；其次，优选面向镜头正面角度的照片；第三，选择面部特征清晰无遮挡的照片，避免戴口罩或被头发、帽子遮住眼眉等特征；最后，选用背景简洁的照片，减少不必要信息的干扰。这 4 个关键点的目的是确保照片中的人物面部细节尽可能精确地被 AI 解析，详细示例如图 5-2 所示。

图 5-2　"垫图"的挑选方法

2. 使用垫图

Step 01 单击准备好的垫图并拖入 Discord 界面中；或单击对话框左边的"加号"按钮，选择图片并单击"上传"按钮，如图 5-3 所示。

Step 02 图片上传成功后，根据正在使用的 Discord 环境进行下一步操作。

Step 03 若使用网页端 Discord，单击图片使之放大，然后单击图片左下角的"在浏览器中打开"按钮，如图 5-4 所示。浏览器中的页面网址即为图片的线上链接，复制即可。

Step 04 若使用计算机端 Discord，直接用鼠标右键单击图片，在弹出的快捷菜单中选择"复制媒体链接"命令，如图 5-5 所示。

图 5-3　上传"垫图"　　　　图 5-4　网页端　　　图 5-5　计算机端

准备好垫图链接后，进入下方对话框并输入"/imagine"，随后在跟随的 prompt 对话框中粘贴获得的垫图链接。

在此过程中需要注意两个细节，首先，在链接后打一个空格，然后再输入其他文字提示词，这是为了让 AI 区分链接和提示词；其次，在文字提示结束后，别忘了加上"--iw 参数"（图像权重），该参数将影响生成图像和参考图像的相似度，具体可参考 3.2.5 节的内容。

3. 基于框架构建提示词

对于新手，当前提供一个适用于皮克斯 3D 动画风格的万能提示词框架参考："（垫图链接）+（空格）+ handsome boy, black hair, looking at the camera, portrait, Pixar style, 3d art, c4d rendering, vivid, 8k resolution, super details, best quality, --iw 2"（英俊男孩，眼睛看镜头，人物肖像，皮克斯动画风格，3d 风格，c4d 渲染风格，生动活泼，8k 分辨率，超高细节，高质量，参考图权重 2）。

如需生成女孩，只需将主题词更改为 cute girl 或 young girl。想要提升成熟度可替换成 man、lady，或添加具体年龄，如 ×× years old。需要注意的是，这样调整可能会使生成的图像出现更多皱纹，应根据需要灵活使用。

重要的一点是，文字提示需与垫图内容保持一致，例如如果上传的是男性图片，而提示词用的是"girl"，那么 AI 可能会产生混淆，导致出图效果并不理想。若想进一步增强细节，可以补充发型和颜色、服装样式和颜色、其他配饰等信息。

基于上述框架构建了人物头像的示例提示词："handsome boy, black hair, looking at the camera, portrait, Pixar style, 3d art, c4d rendering, vivid, 8k resolution, super details, best quality, --iw 1.5"（英俊少年，黑发，凝视镜头，人物肖像，皮克斯风格，3D 美术，C4D 渲染，生动，8k 高分辨率，超细节，最佳品质，图像权重 1.5）。

通过观察图 5-6，可以看到生成的图像大致符合"英俊少年"的描述，但还缺乏足够的个人特征来还原人物主体，识别度不够高。因此，针对结果的不足，需要继续调整优化提示词，例如详细描述发型实际特征，或根据输出图片的具体不足之处灵活调整。

图 5-6　基于提示词框架构建的人物头像效果

4. 提示词优化

关于提示词的优化，可分为 3 个维度：图片描述、风格描述、通用参数。

（1）图片描述

对于图片描述的优化，可以理解为提示词描述的画面细节需尽量与垫图一致。为了提高准确度并细化颗粒度，分解为 7 个小维度逐个讨论：脸型、五官、发型、穿戴、动作、表情、环境，具体提示词如表 5-1 所示。

表 5-1　图片描述提示词

圆脸	round face	心形脸	heart-shaped face
长脸	long face	菱形脸	diamond face

续表

倒三角脸	inverted triangle face	椭圆形脸	oval face
圆形	round eyes	单眼皮	monolid eyes
杏仁形	almond-shaped eyes	双眼皮	double eyelid eyes
（+ 瞳色）	（+ black）...		
直鼻	straight nose	塌鼻	concave nose
凸鼻	convex nose	马鼻	Roman nose
薄唇	thin lips mouth	下翘唇	downturned lips mouth
厚唇	thick lips mouth	标准唇	standard lips mouth
短寸头	buzz cut	后梳油头	slicked back
平头	crew cut	蓬松卷翘	pompadour
头顶长，侧短渐变	undercut	摇滚发型（一条龙刺头）	mohawk
偏分	side part	假鹰鬃头	faux hawk
吹翘前额	quiff		
短发	bob cut	盘发	updo
长短发	lob	马尾辫	ponytail
精灵头	pixie cut	编发	braid
层叠发型	layered cut	海浪卷发	beachy waves
刘海	bangs	直而光滑	straight and sleek
T 恤	T-shirt	夹克衫	jacket
POLO 衫	polo shirt	外套	coat
正装衬衫	dress shirt	西装	suit
连帽衫	hoodie	牛仔裤	jeans
毛衣	sweater	卡其裤	chinos
衬衫	blouse	裙子 / 连衣裙	dress

续表

T 恤	T-shirt	裙子 / 短裙	skirt
吊带衫	tank top	牛仔裤	jeans
毛衣	sweater	紧身裤	leggings
开衫	cardigan	短裤	shorts
帽子	hat	围巾	scarf
棒球帽	cap	耳环	earrings
墨镜	sunglasses	项链	necklace
手表	watch	吊坠	pendant
领带 / 领结	necktie/bowtie	戒指	ring
站立	standing	跳跃	jumping
坐着	sitting	跳舞	dancing
跑步	running	看向天	looking up at the sky
挥手	wave	OK 手势	OK gesture
点头	nod	停止手势	stop gesture
摇头	shake head	嘘，安静	keep a secret
比心	love sign	祈祷	pray
剪刀手	victory sign	尊敬	respect
开心	happy	哭泣	cry
微笑	smile	愤怒	angry
大笑	laugh	咆哮	roar
失落	disappointed	惊吓	shocked

需要注意以下 3 个关键点。

首先，仅当生成图像的某个特定细节与期望不符时，才应考虑加入该细节的具体描述。使用提示词是为了指导 AI 的生成方向，但提示词越多不一定越好，只在必要时补充细节。

其次，输入的提示词会被 AI 自动赋予权重（具体参见 3.4.5 节），有可能输入了权重也不够高，需要手动调整权重。

　　最后，面部特征的复杂度极高，如瞳距、眼角高度、鼻尖角度等，这些细节仅通过文字很难完整传达给 AI。因此，提高生成图像的质量既需要不断地调整和优化提示词，也依赖于多次尝试，通过一定量的随机性，得到满意的图片。

　　（2）风格描述

　　头像中一般比较常见的是皮克斯、迪士尼、宫崎骏、日漫等风格，具体提示词请参见3.2.6 节。

　　（3）通用参数

　　通用参数需要考虑图片权重 --iw、图片宽高比 --ar、反向提示词 --no。更多参数详情请参见 3.3 节。

　　经过多番调整尝试，最终得到了一些基于示例垫图创作的人物头像，并且能够还原出一定的人物面部特征，如图 5-7 所示。

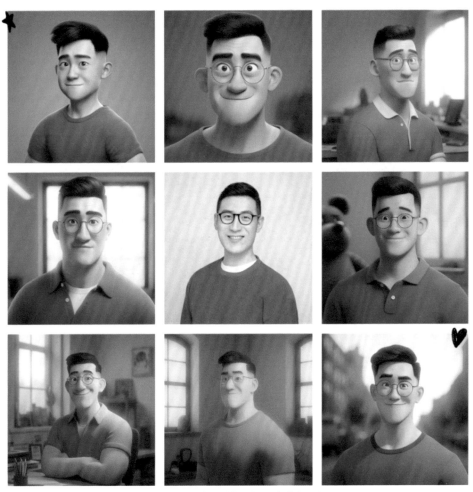

图 5-7　反复调试提示词后的图片效果

5.2 人像精准换脸，免费获得创意大片

在 5.1 节中，通过 Midjourney 制作了个人头像。但毕竟 AI 出图随机性较大，对图片的精准控制力有限，即便使用了图像权重（--iw）或种子参数（--seed），也难以精准还原与照片"完全相似"的面部特征。

现在，可以借助一款名为 InsightFaceSwap 的工具来完美解决这一问题，它能够精确地替换图像中的人物面部，同时保持其他部分不变。为了更好地理解这个工具的效果，可参考如图 5-8 所示的结果。

图 5-8　换脸效果示例

5.2.1　需求分析

假设需求方觉得 AI 绘图的产出结果并不能明显地展示出特定人物的面部特征，识别度较低，需要一个可以精准保留面部特征的设计方案。

5.2.2　解决思路

通过在 Discord 内添加 InsightFaceSwap 插件，上传并保存面部特征，精准地用其他图片中人物的脸部来替换，完成具有高度辨识度的 AI 图片创作。

5.2.3　AI 工作流

基于上述解决思路,设计工作流如图 5-9 所示。重点在于通过插件保存好合适的脸部信息,并挑选容易被覆盖或叠加的"身体",最终完成合成,完成换脸计划。

图 5-9　AI 精准换脸设计工作流

1. 添加机器插件

首先需要添加这个插件的机器人到自己的 Discord 服务器中,这步与第 2 章中添加 Midjourney Bot 类似。但必须使用网页端 Discord,通过链接完成邀请。具体链接可扫码获得,如图 5-10 所示。

图 5-10　邀请机器人的二维码

单击链接后,在打开的窗口中单击下方的下拉按钮,选择自己的 Discord 服务器,单击"继续"按钮,在打开的窗口中按需给予授权(一般维持默认即可),并单击"授权"按钮,完成机器人的添加,如图 5-11 所示。

图 5-11　添加换脸机器人插件的方法

2. 保存面部信息

简单来说,精确的人像换脸操作是由两个部分组成的。首先保存一张能突出脸部五官特征的照片,这里简称为"脸"。其次,需要有一个头部或身体作为"脸"替换上去的基底,简称为"壳"。

在上传用于保存脸部特征的照片时,要注意选择符合以下条件的图片:光线充足、高分辨率、正脸拍摄且表情平静、五官无遮挡（不佩戴眼镜，五官不被头发遮盖等）。

操作时，在对话框中输入"/saveid"命令并按【Enter】键，接着将所选照片拖动到指定区域并松开鼠标，或单击上传。然后，在后面的 idname 对话框中为这张脸起一个名字，名字可包含字母和数字，最多 10 个字符。输入名字后，再次按【Enter】键提交，系统会提示是否保存成功。最新保存的这张脸将成为后续操作的默认脸部图像。具体步骤如图 5-12 所示。

图 5-12　存储脸部信息

3. 将面部信息叠加到身体

换脸操作既可以应用于 Midjourney 所生成的图片，也可以应用于本地的现有图片。

（1）应用于 Midjourney 生成的图片

在反馈区内用鼠标右键单击所选图片，在弹出的快捷菜单中选择"App"命令，再选择 INSwapper 命令。通过这个操作，可以将当前的"默认脸"直接替换到该图像中的"壳"上。具体步骤如图 5-13 所示。

图 5-13　执行换脸的步骤 1

（2）应用于本地现有图片

在对话框中输入"/swapid"命令并按【Enter】键，然后单击上传作为"壳"的图片。在 idname 对话框中输入想要替换的"脸"的名称。完成这些步骤后再次按【Enter】键提交，系统就会生成一张已完成换脸的图片，如图 5-14 所示。

下面几张图将测试对于不同"壳"的选择，面部是否有遮挡，以及不同画风的换脸效果，如图 5-15 所示。

图 5-14　执行换脸的步骤 2

图 5-15　测试换脸效果

针对这一测试效果，具体结论如图 5-16 所示。

4. 面部信息管理

如果保存了多个"脸"，但是忘记了它们的具体名字，可在底部对话框中输入"/listid"命令并按【Enter】键，即可看到所有已保存的"脸"的名称，以及当前"默认脸"的名称。

如果想删除某一张特定的"脸"，可以输入"/delid"命令并按【Enter】键，在后面的对话框中输入想要删除的"脸"的名字，再次按【Enter】键提交即可删除。如果决定要删除所有保存的"脸"的信息，也可以输入"/delall"命令并按【Enter】键，将删除所有之前保存的"脸"的信息，如图 5-17 所示。

风格化	替换图类型	换脸效果
	真人正脸	☑ 效果不错
	真人侧脸	☑ 效果不错
	真人，脸型差异大	☑ 效果不错
	真人，面部有遮挡	☑ 效果不错
	真人，多人年龄性别不一致	✖ 直接替换全部脸，有点惊悚
	游戏风，高写实	☑ 效果不错
	绘画作品，有一定风格	⚠ 一定概率会部分特征崩坏
	3D作品，五官夸张明显	✖ 大概率五官崩坏

图 5-16　换脸效果总结

图 5-17　面部信息管理

5.3　海报设计

在传统海报设计中，尤其是当设计一系列体现二十四节气的海报时，通常是一个耗费时间和精力的巨大任务。设计师不仅需要深刻理解每一个节气背后的文化内涵和自然特征，还要通过手绘来精心营造每一幅海报的氛围。

但现在通过使用特定节气相关的提示词，就可以迅速地生成符合主题的海报背景。这样不仅大大节约了前期的创意构思和手绘时间，还能够让设计师集中精力在如何将品牌元素更有效地融入设计中。这种方法显著提高了整体设计的效率，让创作过程变得更加流畅和高效。

5.3.1　需求分析

假设需求方想在"立秋"这个节气投放一个可以展示品牌心智的开屏大图，与用户增加情感共鸣，并刺激潜在的商品转化。

5.3.2　解决思路

通过 ChatGPT 发散节气相关元素并构建提示词，在 Midjourney 中通过提示词获得海报背景，然后通过修图、排版、融合等操作，快速完成设计交付。

5.3.3　AI 工作流

基于上述解决思路，设计工作流如图 5-18 所示。重点在于通过 ChatGPT 来快速地根据需求构建合适的提示词，在大量抽卡的基础上选出合适的背景素材，最终完成合成。

图 5-18　AI 海报设计工作流

1. ChatGPT发散提示词

以节气"立秋"为例，通过 ChatGPT 发散出与"立秋"相关的各种信息，并提炼出核心提示词——"秋季、水果、维生素、水分、燕窝"等。

以"立秋"节气为例，可以借助 ChatGPT 快速发散和搜集与"立秋"相关的信息。考虑到"立秋"标志着秋季的开始，人们往往与丰收、成熟的水果、滋补保健，以及秋天的凉爽气候等联系。因此，与"立秋"相关的核心提示词可能包括"秋季、水果、维生素、水分补充、燕窝、丰收、凉爽"等。

2. 构建AI绘图提示词

通过 Midjourney 完成背景设计。可以用以下公式来构建背景提示词：提示词 = 构图 & 光线 + 环境描述 + 人物描述 + 风格描述。

在制定构图和光线策略时，为了更好地展现节气所反映的自然特征，选择鸟瞰视角来捕捉更宽阔的景观。加大景深并运用柔和的光线、轮廓光等技术手段来突出主题，增强画面的层次感和氛围。

环境描述则基于从 ChatGPT 中提取的各种元素，再结合个人的理解进行创作。示例中运用了"秋季、森林、草地、红黄的枫叶"这样的描述。

对于人物描述部分，因为此处仅用作未来替换 IP 元素的"占位"，描述相对简化，如"一个男孩坐着，看着天"。

至于风格描述部分，重用了与 3D 卡通相关的经典表述，如"3D 卡通、迪士尼、皮克斯、黏土艺术"，并附加了关于质量和分辨率等常用的参数后缀。

出图风格选择了 Niji Journey 的 Expressive Style，该风格强调了表现力和情感的丰富性，适合呈现图像的生动感和创意特征。

3. 大量抽卡

经过上述步骤的准备后开始生成图像。示例提示词："bird's-eye view, depth of field, soft light, contour light, autumn poster design, forest, grass, red and yellow maple leaves, trees, a boy sitting and looking at the sky, 3d, c4d, clay art, in the style of Disney and Pixar, super details, best quality --s 180 --style expressive --ar 9:16"（鸟瞰视角，景深效果，柔光，轮廓光，秋季海报设计，森林，草地，红黄枫叶，树木，一个坐着仰望天空的男孩，3D，C4D，黏土艺术，迪士尼和皮克斯风格，具有超级细节和最佳质量 --s 180 -- 风格表现 -- 宽高比 9:16）

在这一步中可按需对构图重新调整，若发现人物占比较大，可以采用外扩方式（详见 3.4.2 节）；如果人物过小或未显示，可调整提示词权重（详见 3.2.4 节）；若发现图中有不想要的元素，可以通过 --no 参数去除（详见 3.3.7 节）。

最终从大量结果中挑选出最为合适的背景图，如图 5-19 所示。

4. 图片优化

选定了合适的背景图后，可以进一步通过图像处理软件（如 Photoshop）进行优化。

这些优化可能包括调整整体色彩曲线以匹配特定的视觉风格，增加前景元素并应用动态模糊来增强景深效果，以及抹除已存在的人物主体以便后续叠加品牌特定的 IP 形象等。这些改进步骤将会使最终的海报设计更加专业，更能吸引目标受众。

5. 合成排版

完成背景图的优化之后，接下来利用 3D 建模工具（如 Blender 或 C4D）来生成与画面风格和环境匹配的 IP 模型。在这个过程中，特别需要注意模型的环境光照角度和色调，确保 3D 模型能够自然地融入背景，保持整体的光线和色彩协调一致。

之后，将 IP 模型渲染出的素材图与优化后的背景图进行合成，确保所有的元素都处于合适位置，并且具有逼真的视觉效果。这一步骤可能涉及调整透视、比例、阴影、高光等，以保证画面的整体和谐。

最终，将所需的文案内容和品牌 Logo 按照预先计划的版式加入到海报中，完成最后的融合工作。文案和 Logo 的布局应考虑整体设计的平衡和视觉导向，以便能够有效传达所需的信息，同时增强品牌识别度，如图 5-20 所示。

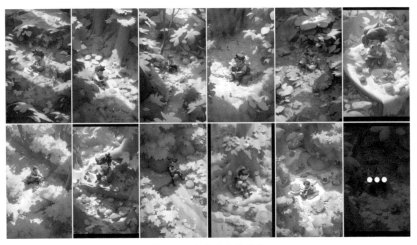

图 5-19　大量抽卡的效果

图 5-20　合成步骤

5.4　绘本设计

读者可能不会创作绘本故事，也可能完全不会手绘，但现在只需要一个概念灵感就能迅速完成绘本设计。由 ChatGPT 依据读者的想法撰写出温馨的、动人心弦的故事脚本，然后借助 Midjourney 将文字转化为生动的视觉画面。

这意味着每个人都能将自己的想法、记忆或梦想转化为独一无二的专属绘本，实现了真正的绘本自由。甚至还可以为自己的孩子订制绘本故事，让他（或她）拥有一个独一无二的欢乐童年。

5.4.1　需求分析

假设你是一位宝妈或宝爸，有一个喜欢看绘本故事的可爱宝宝。孩子的生日马上就要到了，你想为自己的孩子订制一个绘本作为生日礼物。

5.4.2　解决思路

通过 ChatGPT 完善故事脚本，使用 Midjourney 控制人物角色，统一绘本的设计风格，最终完成绘本的画面排版展示。

5.4.3　AI 工作流

基于上述解决思路，设计工作流如图 5-21 所示。重点在于使用 ChatGPT 创作出故事脚本，并在 Midjourney 中通过不同的技巧保证主体的内容和画风连贯统一，最终完成合成。

图 5-21　AI 绘本设计工作流

1. 使用ChatGPT创作故事脚本

故事脚本的创作主要分为以下 4 个部分。

（1）设定一个情景

为 ChatGPT 提供详尽的情景设定，包括时间、人物、地点、故事情节及事件背景等要素。这样做能帮助 ChatGPT 根据提供的信息订制出一个结构清晰、内容丰富的故事脚本，如图 5-22 所示。

图 5-22　设计情景

（2）植入身份

再为 ChatGPT 植入一个身份，比如："你现在是一位顶尖的绘本故事导演，现在需要帮助我设计一个故事脚本"，如图 5-23 所示。

图 5-23　植入身份

（3）铺垫信息

与 ChatGPT 进行交互，通过提问、回答和进一步的对话，逐步发展和细化故事情节。可以向 ChatGPT 提供关于角色的动机、行动、对话和场景的指导，以及其他细节，以帮助 ChatGPT 生成合乎自己期望的故事发展。

（4）问题拆解迭代

首先，通过精简处理删除故事脚本中不必要的部分，确保每个段落都围绕核心主题展开，增强故事的整体吸引力。

然后，进一步细化角色对话并补充情节细节，确保故事的连贯性和逻辑性。

最后，把精练后的故事脚本按照特定格式整理成表格，每个表格都包括序号、原文、更具画面感的改写描述、Prompt 及英文 Prompt，旨在优化后续的视觉制作流程和提升效率，如图 5-24 所示。

图 5-24　问题拆解

2. 控制角色连贯性

目前，AI 创作绘本的难点在于如何控制人物角色的统一，在 Midjourney 中可以通过提示词 +seed 值 + "垫图"来实现角色固定。

详细步骤如下。

Step01 输入指令 "/settings"命令并按【Enter】键。

Step02 单击并激活 3 个模式：Remix Mode（调整模式）、High Variation Mode（高变化模式）、Low Variation Mode（低变化模式）。这部分模式对应的解释可在 3.4.3 节中查看，如图 5-25 所示。

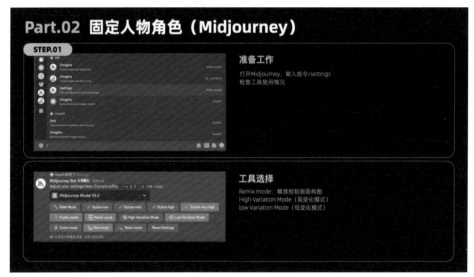

图 5-25　控制连贯性

方法一

在 Midjourney 中，替 换 提 示 词 中 XXXX 主体描述：High quality, XXXXXX, cat head soldier, various poses and expressions, character sheet, 100% white background, illustration style, soldier clothing, XXXXXX --ar 16:9

刷出合适主体后，Photoshop 抠出单独主体的 PNG 格式发送至 Midjourney；复制每张图的链接到 /imagine；复制之前的描述词，将关键性描述 "various poses and expressions"改为想要的动作；最后添加原有图片的 seed 值，如图 5-26 所示。

Step01 在 Midjourney 中构建提示词："High quality, { 角色描述 }, cat head soldier, various poses and expressions, character sheet, 100% white background, illustration style, soldier clothing, { 额外描述 } --ar 16:9"（高质量，角色描述，猫头士兵，各种姿势和表情，角色表，100% 白色背景，插画风格，士兵服装，额外描述 -- 宽高比 16:9）。

Step02 获得了理想的主体图像后，使用 Photoshop 等工具进行编辑，将角色独立抠图出来并保存为 PNG 格式，再将其上传回 Midjourney 成为垫图（详见 3.2.5 节）。

Step03 在对话框中输入 "/imagine"命令，然后在后面的 prompt 框中复制垫图链接和之前的描述词，但将关键性描述 "various poses and expressions"（各种姿势和表情）更换为自己想要的特定动作。

Step04 添加原有图片的 seed 值，以保持风格的一致（详见 3.3.8 节）。

通过这个过程，能够创建一系列具有相同风格和特征、不同姿势和表情的角色图像，如图 5-26 所示。

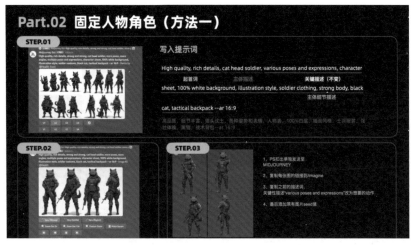

图 5-26　方法一

方法二

使用 Midjourney 生成与特定场景和角色相关的图像时，可以采用"木偶公式"来增强图像的一致性和相关性。木偶公式 = "垫图" + 场景 + 名字 + 场景细节。

提示词示例："垫图链接 Setting is wide angle view of an abandoned city:: Cathead Warrior is a warrior with a cathead soldier's body:: A graphic novel illustration of a cathead Warrior with one hand holding a submachine gun --ar 9:16 --v 5"（场景是一座废弃城市的广角视图 :: 猫头战士是一个有着猫头士兵身体的战士 :: 场景中猫头战士一只手拿着冲锋枪的图画小说插图风格 -- 宽高比 9:16 -- 版本 5），如图 5-27 所示。

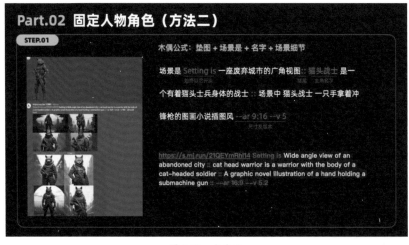

图 5-27　方法二

3. 统一绘本设计风格

在成功输入并获得符合期望的图像风格后，选中其中一张满意的图像，单击 V1 至 V4 中的任意一个按钮。随后，在弹出的对话框中输入接下来要描绘的场景的提示词。利用好 Remix Mode（调整模式）的功能，它可将原始图像作为提示语的一部分，与新的提示词一起融入 AI 的生成过程中，从而使接下来生成的图像在风格上与选中的原图保持一致，如图 5-28 所示。

当然当前也可以使用第 3 章讲过的 /tune 命令，通过相同的风格代码来实现风格统一性，详见 3.4.6 节。

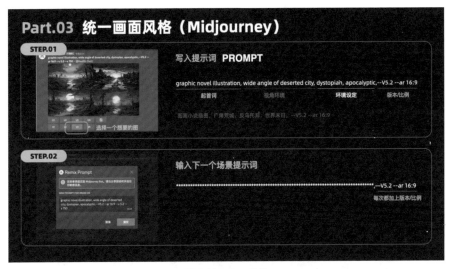

图 5-28　统一风格

统一后的效果如图 5-29 所示。

图 5-29　统一后的效果

4. 合成排版

根据故事脚本，在大量素材中选择合适的场景和人物动作，并对它们进行抠图，作为素材统一排版合成。排版的技巧为：控制整体节奏感，抠出主体进行破形，适当添加局部特写镜头，增加冲击画面冲击力，如图 5-30 所示。

图 5-30　最终效果示例

5.5　商业展示设计

在电商类产品设计上，商品场景图对传递品牌的价值和理念起着重要作用。本节将提供实用的 AI 生成设计的技巧和策略，帮助广告设计师、产品摄影师或电商运营者在创作过程中节省时间和精力，同时赋予作品更多的创意和吸引力。

5.5.1　需求分析

假设甲方给到的商品图因预算有限，无法请广告公司为产品制作精良的主视觉，只有产品本身。希望渠道设计师赋予产品一个匹配的且更加"高大上"的背景，以凸显产品的品牌风格并加强与用户的情感链接，最终达到提高吸引力并提高销量的目标。

5.5.2　解决思路

基于提示词框架灵活变换，通过 Midjourney 快速生成与已有实物产品相匹配的场景图。然后叠加商业利益点，排版融合。

5.5.3　AI 工作流

基于上述解决思路，设计工作流如图 5-31 所示。根据不同商品构建合适的背景提示词，并通过设计完成产品合成，最终交付设计。

图 5-31　AI 商业展示设计工作流

1. 了解电商场景图的基础生成框架

首先需要有产品的高清 PNG 图片，并为产品订制一个高度贴合的场景氛围背景，最后叠加文本利益点描述。在产品与背景之间，需要考虑光影的前后关系（悬浮产品可根据实际变动），以达到真实融洽的合成效果。

前景一般由类似台面的几何物体组成，既可以是一个真实的台面，也可以是虚拟的。在最后的优化阶段，可以在顶层补充一些前景装饰，增加氛围融入，提高设计品质，如图 5-32 所示。

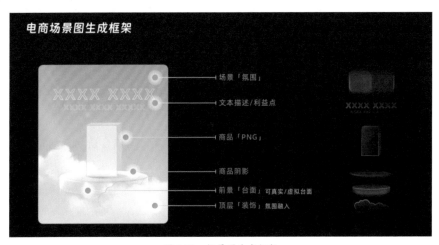

图 5-32　场景图生成框架

2. 基于框架构建提示词

整个内容主要分为主体描述、场景氛围、装饰元素、镜头语言、风格描述、参数属性几个部分。

在主体描述中，可以指定所要生成的图像类型，如"展台背景图"。场景氛围部分用于描绘物体的位置环境，如"温馨的室内空间"或"充满自然的户外场景"。

装饰元素是根据场景氛围增添的细节，例如在一个自然场景中可能会添加"紫色的薰衣草花瓣"。镜头语言则涵盖了第 4 章讲过的一些进阶知识，如镜头的角度、取景范围、光线和材质等，以此增强画面的感官质感。

在风格描述中，不仅可以详述图像的真实程度，还可以指明设计流派和渲染效果，如"高细节、高质量、逼真、摄影风格、8K 分辨率，OC 渲染器风格"。最后，还要添加参数属性，它们是对输出画质和格式的具体要求，如画面的比例、图像的清晰度、质量、权重等基础后缀，如图 5-33 所示。

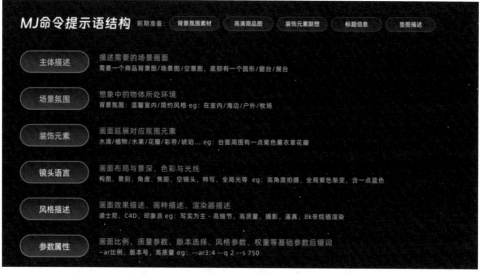

图 5-33　提示语结构

具体以"女性健康的相关药品"为例进行讲解。

首先，可以通过 ChatGPT 进行提示词推导，比如催眠它："你是一个资深的体验设计专家，需要对女性健康相关药品进行设计。"让 AI 进行角色扮演，输入具体的需求设定，询问如果在这样的情况下，会怎么确定它的形状、色彩、质感、构成相关元素的设定，利用 AI 的快速发散获得一些灵感。

然后，结合药品现有的提示词信息确定对应的元素，完成合适元素的背景图片生成，如图 5-34 所示。

药品的电商主图相对而言偏内敛，因此相比其他品类的产品，有以下 3 个相对更合适的背景类型分类。

（1）现实空间

比如窗台、床头柜、书桌等真实生活场景，一般更适合用来承载居家常备用药，更贴近用户的现实生活状态。

图 5-34　使用 ChatGPT 构建提示词

（2）虚拟空间

常见是利用虚拟的 3D 展台呈现效果，承载力更强，适合用于多个产品一并展示，或真实使用场景不宜展示的情况。

（3）虚实交融

比如利用现实中出现的花，虽然是现实中真实存在的，但在呈现上可能是悬空出现，往往可以呈现出不一样的氛围和意境，如图 5-35 所示。

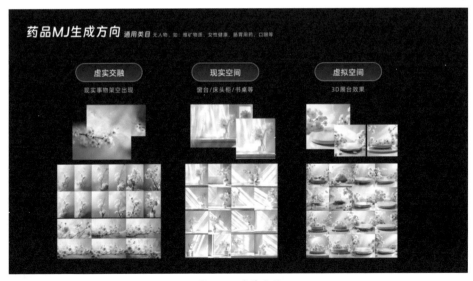

图 5-35　背景类型

合成后的效果如图 5-36 所示。

图 5-36　效果展示

　　为了进一步优化设计与用户共情和连接的效果，可以在主体描述中添加人物元素，并且通过细化时间和地点的描述来加深情境的共鸣。在提示词中，增加诸如具体所在时间和地点位置、主体的情绪等信息，会更加精确地指导 AI 在创作图像时捕捉自己所期望的氛围和细节。

　　如图 5-37 所示，描述的是一个睡得很安稳的女生，她主要的位置是在右下角，这样便于对整个产品的构图位置进行调整，并可以帮助 AI 理解期望的色调氛围，方便与产品结合。如果构图位置没有按提示词生成，大家也可以灵活使用 "平移" 命令进行调整（详见 3.4.2 节中的平移操作）。

图 5-37　包含人物的主图示例

　　应用上述方法，可以迅速完成产品主图的线上效果设计，并且这个设计流程也可以方便地拓展到其他多样的场景中去。目的在于为广告设计师、产品摄影师及电商运营者等专业人士分享一些实用的设计技巧和创新思维，以帮助他们在电商场景设计上提升工作效率和产品效果。

第 6 章

SD 新手入门

经过前面 5 章的学习和实战，相信读者已经感受到 AIGC 强大的生产力。现在，将引导大家进入一个全新的领域——Stable Diffusion（简称 SD），这是一款更强大且具有丰富自定义功能的 AI 图像生成工具。在本章中，将深入了解 SD，看看它是如何帮助用户完成商业设计的。

SD 是一个基于深度学习的图像生成模型，能够根据文本提示生成高质量的图像，或对现有图像进行修改和增强。SD 不仅仅是一个简单的"画图机器"，其核心是深度学习能力，通过分析大量图像和相关数据，能够"学会"如何理解和创造视觉内容。这意味着其可以产生丰富多彩且具有创造力的图像，甚至能模拟不同的艺术风格。

在商业设计领域，设计师可以利用 SD 快速生成创意构思草图，或者将其应用于广告、产品展示和视觉艺术创作。更重要的是，SD 作为设计师的"得力干将"，能够帮助设计师更高效地表达脑海中的创意。

接下来，将向大家展示如何在本地部署 SD，包括所需的软件、硬件要求及具体安装步骤。掌握了这些详细的流程之后，无须任何技术背景也能轻松上手，从而开启属于自己的 AI 设计之旅。下面，就让我们一起潜入 SD 的世界，探索这个强大工具的无限可能吧！

6.1　SD 本地部署

6.1.1　基于 Windows 系统本地部署

本节将讲解如何在 Windows 系统中部署 SD。对许多人而言，"部署"这一术语似乎预示着需要处理复杂的代码和烦琐的步骤，其实不然，下面将以最简单易懂的方式分步骤指导读者完成这个过程。

SD 与 Windows 系统的兼容性非常好。无论是 Windows 10 还是最新版本的 Windows 11，SD 都能够顺利运行。接下来，不仅会介绍基本的安装步骤，还将深入探讨一些常见问题及解决方案，确保读者能够顺利且轻松使用这个工具。

6.1.2　Python 环境安装

Python 的安装对于本地部署 SD 是必不可少的，因为 SD 主要是用 Python 编写的。安装

Python 可以确保用户有必要的运行环境来执行相关的脚本和程序库，处理图像生成和其他计算任务。此外，Python 环境还允许用户安装和管理所需的依赖库，如 TensorFlow 或 PyTorch，这些都是运行 SD 模型所必需的。简而言之，没有 Python，就无法运行 SD 的代码和使用其功能。

详细步骤如下。

Step01 首先，确保计算机运行的是 Windows 10 或更高版本。然后，需要下载 Python 的安装文件。进入 Python 官网：www.python.org。再选择导航栏中的 Downloads 选项卡，进入下载页面，如图 6-1 所示。

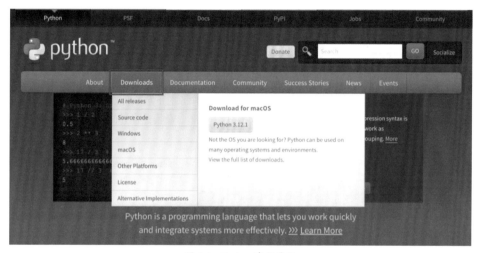

图 6-1　Python 官网界面

Step02 在 Downloads 下载页面中，下滑找到 Python 3.10.6 的版本，再单击进入其详情页面，如图 6-2 所示。

注意

过高或过低的 Python 版本，都可能导致 SD 运行错误。

Looking for a specific release?

Python releases by version number:

Release version	Release date		Click for more
Python 3.10.6	Aug. 2, 2022	Download	Release Notes
Python 3.10.5	June 6, 2022	Download	Release Notes
Python 3.9.13	May 17, 2022	Download	Release Notes
Python 3.10.4	March 24, 2022	Download	Release Notes
Python 3.9.12	March 23, 2022	Download	Release Notes
Python 3.10.3	March 16, 2022	Download	Release Notes
Python 3.9.11	March 16, 2022	Download	Release Notes

View older releases

图 6-2　Python 3.10.6 下载入口

Step 03 进入 Python 3.10.6 下载页面后，下滑找到 Files 栏。选择对应的 Windows 安装版本，（注意：要依据 Windows 操作系统的位数来选择），下载安装包，如图 6-3 所示。

图 6-3　Windows 操作系统位数选择

Step 04 下载完成后，在本地计算机中找到 Python 3.10.6 的下载文件。然后双击运行安装程序，启动安装。注意选择 Add Python 3.10 to PATH 复选框。安装过程界面如图 6-4 所示。

图 6-4　Python 3.10.6 的安装过程界面

6.1.3　Git 环境安装

Git 能帮助用户从代码托管平台（如 GitHub）自动克隆 SD 的完整代码库到本地，以及随时拉取最新的更新，确保使用的代码是最新且最优化的版本。这样不仅提高了部署效率，还有助于保持项目的稳定性和安全性。

详细步骤如下。

Step 01 首先，进入 Git 的官网：git-scm.com，单击右下角的 Download for Windows 按钮，下载最新版本的 Git，如图 6-5 所示。

Step 02 进入下载页面后，单击 Click here to download 链接，下载安装包到本地计算机中存放。Git 下载页面如图 6-6 所示。

Step 03 在本地找到刚刚下载的安装程序，然后双击运行安装程序。进入安装界面后，单击 Next 按钮一步步完成安装即可，期间无须选择自定义选项，如图 6-7 所示。

图 6-5　Git 官网界面

图 6-6　Git 下载页面

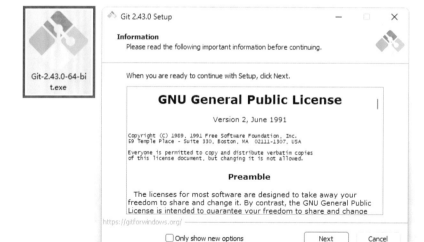

图 6-7　Git.exe 安装程序界面

6.1.4 SDWebUI 的下载和安装

SDWebUI 为 SD 提供了一个可视化的图形界面，使用户能够更容易地与 SD 模型互动。可以通过简单的单击操作来设置生成参数、启动图像生成任务和查看结果，无须任何命令行或编程操作。简而言之，SDWebUI 大大简化了操作流程，帮助用户轻松上手 SD，在后面的章节中将详细介绍。

详细步骤如下。

Step01 首先，在浏览器中输入网址：https://github.com/AUTOMATIC1111/stable-diffusion-webui，进入 SDWebUI 的下载页面。然后，单击 Code 下拉按钮，再单击"复制"按钮，复制 SDWebUI 的地址，如图 6-8 所示。

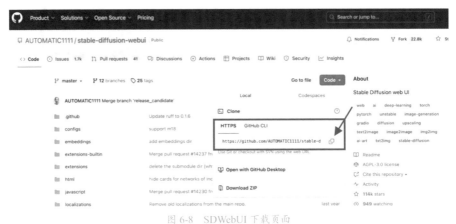

图 6-8　SDWebUI 下载页面

Step02 新建 SD 的本地存放位置。首先，在本地磁盘单击鼠标右键新建文件夹（可选择 C 盘或任意其他磁盘）。再命名 StableDiffusion（注意：文件夹名称最好不要出现"空格"），用于存放 SDWebUI 的代码和文件。本地文件夹如图 6-9 所示。

图 6-9　StableDiffusion 本地文件夹

Step03 双击新建的文件夹，在顶部地址栏中输入 cmd，调用"命令指示符"程序。文件夹顶部地址栏如图 6-10 所示。

Step04 在弹出的"命令指示符"程序命令行中，输入 git clone 加上步骤 01 中复制的 WebUI 链接及 git clone https://github.com/AUTOMATIC1111/stable-diffusion-webui.git。然后，按【Enter】键，等待完成安装。"命令指示符"命令行如图 6-11 所示。

图 6-10　文件夹顶部地址栏

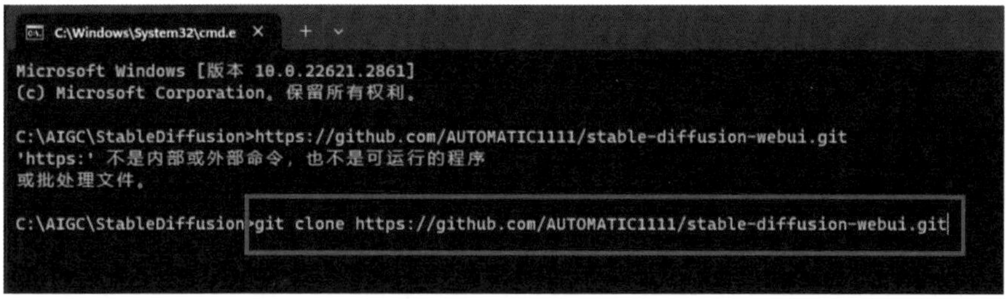

C:\Windows\System32\cmd.e　×　+　∨

Microsoft Windows [版本 10.0.22621.2861]
(c) Microsoft Corporation. 保留所有权利。

C:\AIGC\StableDiffusion>https://github.com/AUTOMATIC1111/stable-diffusion-webui.git
'https:' 不是内部或外部命令，也不是可运行的程序
或批处理文件。

C:\AIGC\StableDiffusion>git clone https://github.com/AUTOMATIC1111/stable-diffusion-webui.git

图 6-11　"命令指示符"程序命令行

Step 05 等待命令行完成 SDWebUI 的下载和安装（期间无须进行其他操作），如图 6-12 所示。如果命令行最后一段出现 done，则表示安装成功。

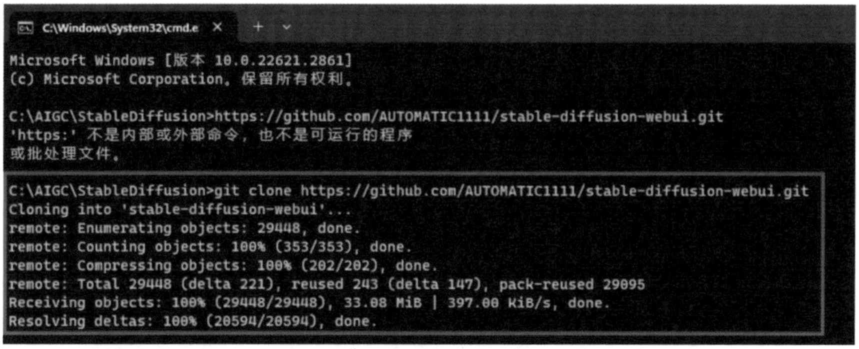

C:\Windows\System32\cmd.e　×　+　∨

Microsoft Windows [版本 10.0.22621.2861]
(c) Microsoft Corporation. 保留所有权利。

C:\AIGC\StableDiffusion>https://github.com/AUTOMATIC1111/stable-diffusion-webui.git
'https:' 不是内部或外部命令，也不是可运行的程序
或批处理文件。

C:\AIGC\StableDiffusion>git clone https://github.com/AUTOMATIC1111/stable-diffusion-webui.git
Cloning into 'stable-diffusion-webui'...
remote: Enumerating objects: 29448, done.
remote: Counting objects: 100% (353/353), done.
remote: Compressing objects: 100% (202/202), done.
remote: Total 29448 (delta 221), reused 243 (delta 147), pack-reused 29095
Receiving objects: 100% (29448/29448), 33.08 MiB | 397.00 KiB/s, done.
Resolving deltas: 100% (20594/20594), done.

图 6-12　"命令指示符"程序 done

Step 06 返回 StableDiffusion 文件夹，如图 6-13 所示，即可看到 stable-diffusion-webui 文件夹。SDWebUI 的所有文件都安装在这个文件夹内。至此，SDWebUI 就安装完成了。

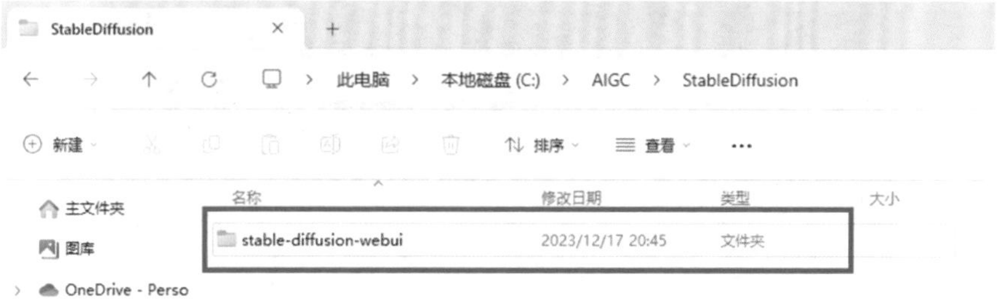

StableDiffusion　×　+

←　→　↑　C　□　>　此电脑　>　本地磁盘 (C:)　>　AIGC　>　StableDiffusion

⊕ 新建　　　　　　　　↑↓ 排序　　≡ 查看　　···

⌂ 主文件夹
　　　　　　　　　名称　　　　　　　修改日期　　　　　类型　　　　大小
□ 图库
　　　　　　　　　□ stable-diffusion-webui　　2023/12/17 20:45　　文件夹
> ☁ OneDrive - Perso

图 6-13　StableDiffusion 文件夹

Step07 进入 stable-diffusion-webui 文件夹，看看里面的文件夹各自的用处，如图 6-14 所示，extensions 文件夹用于存放 SDWebUI 的插件，models 文件夹用于存放模型文件，具体的存放方法将在接下来的章节中详细介绍。

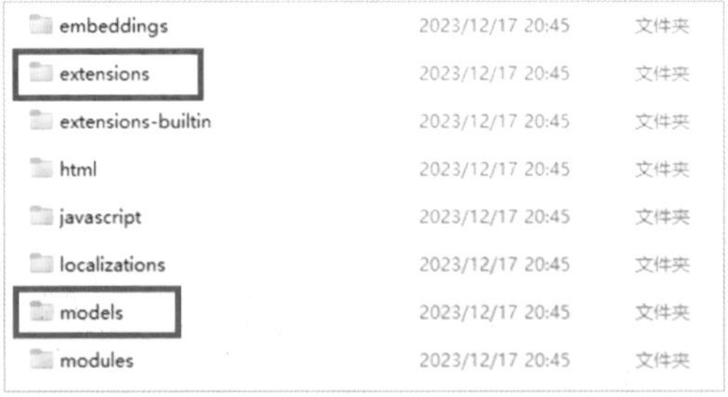

图 6-14　stable-diffusion-webui 文件夹内

Step08 尝试启动 SDWebUI 程序。只需双击文件夹中 webui-user.bat 文件，如图 6-15 所示，即可进入 SDWebUI 界面。注意，首次运行会加载必要文件，所以会运行比较慢。

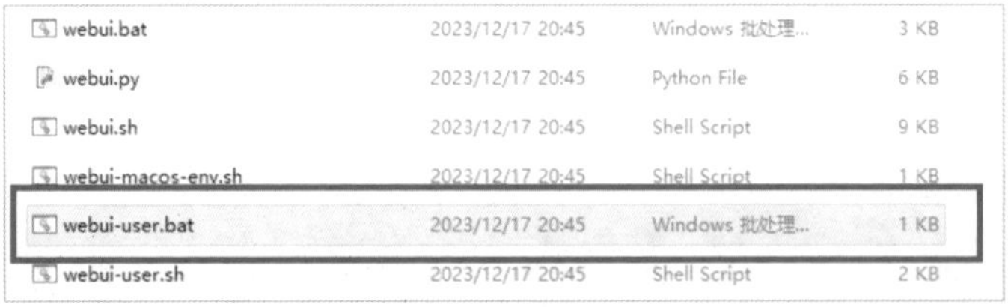

图 6-15　webui-uer.bat 文件

SDWebUI 的首次启动界面如图 6-16 所示。也可以单击鼠标右键，在弹出的快捷菜单中选择"发送快捷方式到桌面"命令，随后便可在桌面双击 webui-user.bat 文件启动了，更加方便和快捷。

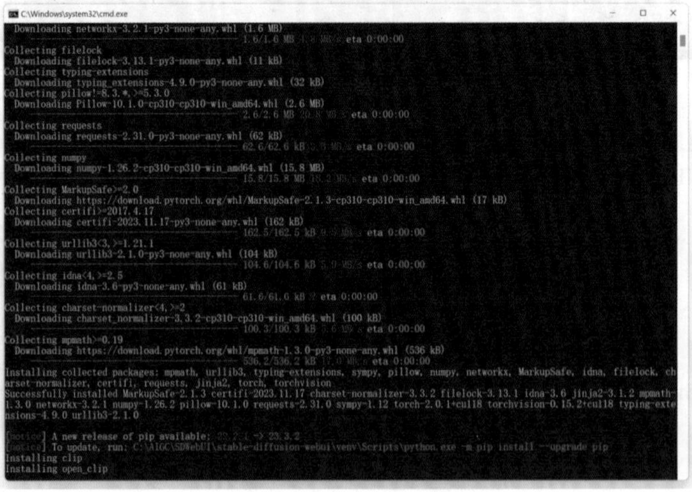

图 6-16　SDWebUI 首次启动界面

6.1.5 基于 macOS 的本地部署

SD 还能够在苹果（Apple）笔记本 macOS 系统上运行，这得益于 Apple M 系列芯片的架构，具备优秀的机器学习性能，特别适合执行密集型的图像处理任务。这种硬件优化确保了 SD 在图像生成过程中能够实现更快的处理速度和更高的效率，使 macOS 也能高效运行 SD。接下来，将分步骤介绍在 macOS 系统中安装和启用 SD 程序的方法。

6.1.6 Homebrew 环境安装

Homebrew 如同 Windows 部署过程中的 Git，也是一个包管理器，可以简化安装和管理 macOS 上软件的过程。通过 Homebrew，用户可以轻松安装 SD 所需的依赖项，有助于加快设置和配置环境的过程，也使整个安装过程更为自动化并减少错误，从而提升部署效率和可靠性。Homebrew 是实现 SD 在 macOS 上顺利运行的关键工具之一。

详细步骤如下。

Step 01 在浏览器中输入网址：https://brew.sh，进入 Homebrew 官网。然后，单击如图 6-17 所示的红框中的复制按钮，以复制该段命令行。

图 6-17 Homebrew 官网

Step 02 在启动台实用工具文件夹中找到"终端"App 并打开，如图 6-18 所示。接着，在命令行中输入步骤 01 复制的命令行，按【Enter】键运行。

图 6-18 "终端"App

Step 03 在命令行中会提示输入密码，Password 命令行如图 6-19 所示。这个密码就是计算机的开机密码。

```
● ● ● ▦ bill — sudo · bash -c #!/bin/bash\012\012# We don't need return codes for "$(command)", only stdout is nee...
Last login: Mon Dec 18 13:56:07 on console
bill@huidu ~ % /bin/bash -c "$(curl -fsSL https://raw.githubusercontent.com/Homebrew/install/HEAD/install.sh)"
==> Checking for `sudo` access (which may request your password)...
Password:
```

图 6-19　Password 命令行

Step 04 命令行中会多次提示按【Enter】键，ENTER 命令行如图 6-20 所示，只需按【Enter】键继续，接着等待完成安装即可。

```
● ● ● ▦ bill — bash -c #!/bin/bash\012\012# We don't need return codes for "$(command)", only stdout is needed.\0...
Last login: Mon Dec 18 13:56:07 on console
bill@huidu ~ % /bin/bash -c "$(curl -fsSL https://raw.githubusercontent.com/Homebrew/install/HEAD/install.sh)"
==> Checking for `sudo` access (which may request your password)...
Password:
==> This script will install:
/opt/homebrew/bin/brew
/opt/homebrew/share/doc/homebrew
/opt/homebrew/share/man/man1/brew.1
/opt/homebrew/share/zsh/site-functions/_brew
/opt/homebrew/etc/bash_completion.d/brew
/opt/homebrew
==> The following existing directories will be made writable by user only:
/opt/homebrew/share/zsh
/opt/homebrew/share/zsh/site-functions

Press RETURN/ENTER to continue or any other key to abort:
```

图 6-20　ENTER 命令行

6.1.7　macOS 中的 Python 环境安装

同上述 Windows 系统安装一样，需要下载安装 Python 3.10.6 程序包，为 macOS 系统配置 Python 环境。

详细步骤如下。

Step 01 进入 Python 的官网 www.python.org，然后在导航栏中选择 Downloads 选项卡。Python 官网界面如图 6-21 所示。

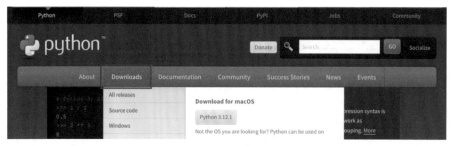

图 6-21　Python 官网界面

Step 02 在打开的页面中，下滑找到 Python 3.10.6 版本。Python 3.10.6 版本的入口如图 6-22 所示，再单击进入其下载页面（注意：过高或过低的 Python 版本后续都可能导致 SD 运行错误）。

图 6-22　Python 3.10.6 版本入口

Step 03 进入下载页面后，下滑找到 Files 栏，Python 3.10.6 版本选项如图 6-23 所示。再单击 macOS 64-bit installer 链接，即可下载 macOS 的安装包。

Files

Version	Operating System	Description	MD5 Sum	File Size	GPG
Gzipped source tarball	Source release		d76638ca8bf57e44ef0841d2cde557a0	25986768	SIG
XZ compressed source tarball	Source release		afc7e14f7118d10d1ba95ae8e2134bf0	19600672	SIG
macOS 64-bit universal2 installer	macOS	for macOS 10.9 and later	2ce68dc6cb870ed3beea8a20b0de71fc	40826114	SIG
Windows embeddable package (32-bit)	Windows		a62cca7ea561a037e54b4c0d120c2b0a	7608928	SIG
Windows embeddable package (64-bit)	Windows		37303f03e19563fa87722d9df11d0fa0	8585728	SIG
Windows help file	Windows		0aee63c8fb87dc71bf2bcc1f62231389	9329034	SIG
Windows installer (32-bit)	Windows		c4aa2cd7d62304c804e45a51696f2a88	27750096	SIG
Windows installer (64-bit)	Windows	Recommended	8f46453e68ef38e5544a76d84df3994c	28916488	SIG

图 6-23　macOS 版本选项

Step 04 回到本地计算机，找到上一步下载的 Python 3.10.6 程序，再双击运行安装。在安装过程中，单击界面中的"继续"按钮，即可完成安装。安装界面如图 6-24 所示。

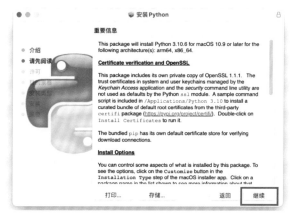

图 6-24　Python 3.10.6 安装界面

Step05 当弹出 Python 3.10 文件夹后，则表示安装成功。Python 3.10 文件夹和安装完成界面如图 6-25 所示。最后，单击"关闭"按钮，关闭安装窗口即可。

图 6-25　Python 3.10 文件夹和安装完成界面

6.1.8　macOS 中的 SDWebUI 下载和安装

同样，在 macOS 系统中，SDWebUI 也为 SD 提供可视化的图形界面，和 Windows 用的是相同的代码，下载和安装方法也基本一致。

详细步骤如下。

Step01 进入 SDWebUI 的 GitHub 页：https://github.com/AUTOMATIC1111/stable-diffusion-webui，再单击界面中的 Code 下拉按钮，再单击"复制"按钮，复制代码的下载地址，如图 6-26 所示。

图 6-26　stable-diffusion-webui 下载页面

Step02 回到 macOS 本地磁盘，在任意位置新建以 StbaleDiffusion 命名的文件夹，用于存放 SDWebUI 的所有程序和文件，如图 6-27 所示。

Step03 单击 macOD 系统底栏中的"启动台"图标。然后找到"实用工具"文件夹并将其打开，再单击其中的"终端 .app"。 在打开的界面中输入 cd desktop/StableDiffusion，再按

【Enter】键，进入到步骤 01 中新建的 StableDiffusion 文件夹的目录中，如图 6-28 所示。

图 6-27 StbaleDiffusion 文件夹

图 6-28 "终端 .app"命令行界面

Step 04 在终端命令行中输入 git clone，然后按键盘空格键，再输入步骤 01 中复制的 WebUI 程序链接：git clone https://github.com/AUTOMATIC1111/stable-diffusion-webui.git，如图 6-29 所示。最后，按【Enter】键，等待完成安装即可。

图 6-29 在命令行输入 SDWebUI 下载地址

Step 05 命令行继续运行，等待命令行完成 WebUI 的下载和安装（期间无须其他操作），如图 6-30 所示。如果命令行中出现 done，则表示安装成功。最后关闭窗口即可。

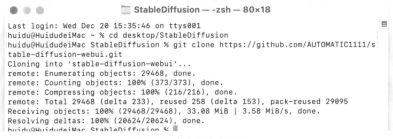

图 6-30 命令行中出现 done

Step 06 回到步骤 02 中新建的 StableDiffusion 文件夹路径，即可看到在步骤 05 中安装的 stable-diffusion-webui 文件夹，如图 6-31 所示。所有 SDWebUI 的源代码和文件都存放在这个文件夹内。至此，macOS 的 SDWebUI 就安装完成了。

图 6-31　stable-diffusion-webui 文件夹

Step 07 同样，macOS 中 stable-diffusion-webui 文件夹里的子文件用处和 Windows 中是一样的，如图 6-32 所示。extensions 文件夹用于存放 SDWebUI 的插件，models 文件夹用于存放模型文件，具体的存放方法将在下一节中详细介绍。

图 6-32　stable-diffusion-webui 文件夹内

Step 08 接下来启动 SDWebUI。只需将"webui-user.bat"文件拖入到"终端"App 的命令行中，再按【Enter】键，即可运行 SDWebUI（首次运行会加载必要文件，所以会运行比较慢），如图 6-33 所示。

图 6-33　将 webui-uer.bat 文件拖入终端命令行

6.2　SD 模型选择

6.2.1　SD 与 MJ 模型的异同

Stable Diffusion（SD）和 Midjourney（MJ）AI 生图工具都是基于人工智能的图像生成技

术，它们共同的特点是，能依据文字描述快速生成图像，极大地扩展了艺术创作的可能性。

在技术实现上，SD 和 MJ 展现出一些差异。SD 通常采用先进的深度学习模型，如变换器和神经网络，使其在处理复杂图像和深度解读文本描述方面表现得更出色。相比之下，MJ 采用了不同的算法或框架，并经过特定的二次训练，这直接影响了图像生成的效率和质量。在使用体验方面，MJ 可能更注重简单直观的界面设计，便于无技术背景的使用者快速上手。SD 则提供了更多自定义选项和控制，适合希望进行深度调整和优化输出图像的使用者。此外，SD 和 MJ 在图像风格和质量上也存在差异，这是由它们各自的训练数据集的不同所决定的。

考虑到不同的应用场景，SD 可能在如广告创意、产品设计等商业设计领域的表现上更为突出，而 MJ 则更适合于插画和风格化图像等艺术领域。了解这些差异有助于读者根据自己的需要选择合适的 AI 工具进行创作。接下来，将介绍 SD 模型的基础概念，并推荐一些受用户欢迎的 SD 风格化模型，同时分步骤讲解如何下载和使用这些模型。

6.2.2　SD 开源基础模型

SD 系列模型是 StabilityAI 推出的最具影响力的开源图像生成大模型，以下是几个重要版本的简介。

1. SD 1.5

简称 SD 1.5，是系列模型中的早期版本，以较小的模型规模和高效率著称，特别适合快速生成图像。尽管在处理复杂度和细节方面可能不及后续版本，但它对直接和清晰的指令已表现出良好的响应能力。

2. SD 2.1

简称 SD 2.1，作为升级版与 SD 1.5 相比，此版本拥有更大的模型和更复杂的训练数据集，能在图像的细节处理、色彩表现和创造性方面提供显著改进，对模糊或复杂的指令有更强的理解能力。

3. SD XL

简称 SD XL，是目前最大、最先进的版本，专门设计用于处理极其复杂和挑战性的图像生成任务。其拥有巨大的模型规模和先进的学习能力，在图像质量、创意表现和细节处理上均创新高。

在选择适合自己的模型时，应考虑个人的具体需求：是追求速度和效率，还是更注重细节和图像质量？是否需要处理复杂场景？根据这些问题的答案，可以更准确地选择最适合的 SD 模型版本。接下来，将以 SD XL 模型安装为例，讲解下载和正确存放这些开源基础模型的方法。

6.2.3　下载 SD 模型

首先，需要进入 SD XL 模型的 Hugging Face 的下载页面（Hugging Face 是一个大型的 AI 开源社区）：https://huggingface.co/stabilityai/stable-diffusion-xl-base-1.0；然后，单击页面中 Files and versions 标题栏，再下滑找到 sd_xl_base_1.0.safetensors 选项。最后，单击后面的"下载"按钮，即可把 SD XL 模型下载到本地计算机中，如图 6-34 所示。

图 6-34　SD XL 模型 Hugging Face 下载页面

6.2.4　存放 SD 模型

只有正确存放模型，SDWebUI 才能调用到模型。只需要将下载的“.safetensors”格式的模型文件存放到路径：StableDiffusion >stable-diffusion-webui > models > Stable-diffusion 文件夹内即可，如图 6-35 所示（注意：Windows 和 macOS 系统存放的路径是相同的）。

图 6-35　SD XL 模型存放位置

6.2.5　Checkpoint 检查点模型

Checkpoint 检查点模型是在训练大型机器学习模型，如上述 SD 1.5、SD 2.0、SD XL 过程中的某个特定阶段保存的模型状态。这些检查点包含了模型在特定训练阶段的所有参数和设置，允许模型训练师从该阶段重新启动或继续训练模型，无须从头开始。Checkpoint 在 AI 模型训练中非常重要，因为它们可以用于优化模型性能，进行故障恢复，或者作为特定版本的备份。接下来，将讲解如何找到、下载并使用这些模型。

1. 模型共享社区

首先，推荐几个国内外比较受欢迎的模型共享平台，通过这些模型平台可以免费下载自己想要的模型。

- Civitai：国外最受欢迎的 AI 模型共享平台之一，官网地址 civitai.com。
- LiblibAI：中国最受欢迎的模型共享平台之一，官网地址 www.liblib.ai。
- Hugging Face：前面已有提及，是一个全球范围的 AI 模型开源社区，官网地址 huggingface.co。

2. 找到合适的模型

这些模型共享平台里有成千上万个经过二次训练的模型，可以根据自己的需要和喜好任意挑选，这里推荐 3 个最热门的 Checkpoint 模型。

- Dream Shaper：可以作为 MJ 的替代品。开发者不喜欢 MJ 的处理方式和封闭性。与 SD 相比，MJ 对用户来说更缺乏自由的控制性。其宗旨是为了做出更好用的 SD，能编织梦想自由生成一切的模型，如图 6-36 所示。

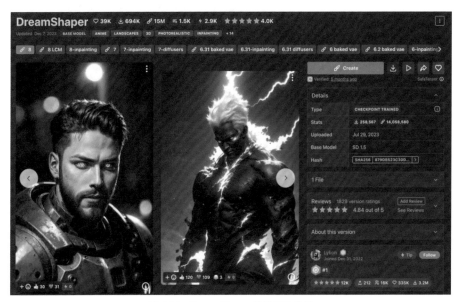

图 6-36　Dream Shaper 模型下载界面

- ReV Animated：该模型的特点是用来生成 2.5D 风格图像。其合并了多个模型，基于 SD 1.5 二次训练而来。利用它可以创建来自多个合并模型的内容。它对科幻、动画片、虚拟现实和景观主题的图片生成的支持较好，如图 6-37 所示。

图 6-37　ReV Animated 模型下载界面

- XXMix 9realistic：是一款热门的、质量非常高的写实风格人物模型，是基于 SD 1.5 开源模型训练而来的，如图 6-38 所示。

图 6-38　XXMix 9realistic 模型下载界面

3. 下载模型

在上述模型的下载界面中，在右侧单击 Download 按钮或下载图标，如图 6-39 所示，即可把模型下载到本地磁盘。

图 6-39　Download 下载按钮

4. 存放模型

在本地磁盘找到下载的 ".safetensors" 格式的模型文件，然后存放到 StableDiffusion > stable-diffusion-webui > models > Stable-diffusion 路径下即可，如图 6-40 所示。

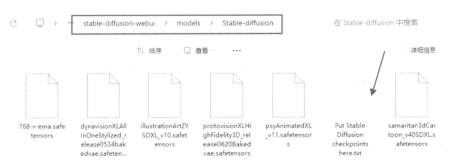

图 6-40　模型存放文件夹

6.2.6　LoRA、Embedding 等特征模型

特征模型在 AI 图像生成中的作用，类似于现实世界中画师的眼睛和大脑。它们能够帮助 AI "看懂" 图像中的内容，如颜色、形状和风格，并 "理解" 这些元素如何组合形成完整的图像。例如，当给 AI 描述一个森林时，特征模型帮助 AI 在其 "脑海" 中描绘出树木、阳光和小动物的画面，再分析这些元素，并将它们转化为艺术作品，仿佛 AI 在运用其 "想象力" 进行创作。这些模型通常比 SD 开源模型和检查点模型小很多，更利于这些模型的下载和使用。

1. LoRA低秩微调模型

LoRA 模型通过优化 AI 模型的特定层（如语言表征层），来改善模型对文本描述的理解和图像生成的准确性。它在原有模型基础上（SD 开源模型和检查点模型）增加额外的适应性参数，提高了模型的灵活性和效率。

2. Embedding模型

Embedding 模型专注于将文本或图像转换成高维空间中的向量表征，这有助于 AI 更精确地理解和处理复杂的信息。在图像生成过程中，Embedding 模型提高了生成图像与文本描述之间的一致性和精度。

这些特征模型不仅提高了图像生成的质量和相关性，还可用于订制化设计，如品牌设计、个性化广告制作等。通过这些模型，设计师可以更准确地将客户的要求转化为视觉作品，大大提高了工作效率和客户满意度。下面将详细介绍如何下载和使用这些模型。

3.找到合适的模型

在 6.2.5 节提到的几个模型共享平台 Civitai、Liblib AI 和 Hugging Face 里，同样可以找到这些特征模型。

- Add More Details：细节增强控制 LoRA 模型，可以通过调节模型的权重来添加生成图片中的细节多少，根据喜好调节权重至 0.5 ～ 1。当然，也可以将权重设置为低于 0.5，以获得更微妙的效果，Add More Details 下载界面如图 6-41 所示。

图 6-41　Add More Details 模型下载界面

4. 下载和存放模型

下载及使用方法与检查点模型一致，不同之处在于其存放路径。特征模型需存放在 StableDiffusion 根目录的 LoRA 文件夹里，路径为：StableDiffusion >stable-diffusion-webui > models > Lora，如图 6-42 所示（注意：特征模型和检查点模型不能存放错误，否则 SDWebUI 将无法调用到这些模型）。

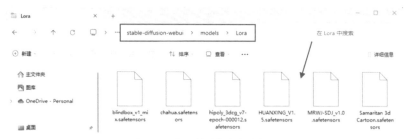

图 6-42　特征模型文件存放路径

6.3　SD 基础操作

在本节中，将深入讲解 SD 的 WebUI 界面和操作方法，正式开启 SD 图像生成之旅。SD 是一个强大而灵活的工具，能够根据文本提示生成高质量图像。无论是希望创作独特艺术图像，还是需要为工作项目生成视觉设计，SD 都将是一个得力助手。然而，要充分利用这个工具，首先需要掌握其基本操作。

继 6.2 节完成了 SD 的本地部署和下载存放模型之后，本节将从 SD 的界面及 SDWebUI 界面开始，详细介绍 SD 的基础操作。首先介绍基本的文本提示技巧，讲解如何通过简单的描述来指导 SD 生成自己所需的图像。此外，还将探讨一些常见问题及其解决方法，帮助用户更顺利地使用这个工具。

通过本节的学习，读者将掌握 SD 的基础操作技能。下面将通过基础讲解和案例实操，确保即使是 SD 小白新手也能轻松上手。

6.3.1　首次运行 SDWebUI

在本节中，将详细探讨如何使用 SDWebUI 界面里的各项模块功能。

1. 启动SDWebUI

首先，启动 SDWebUI，如 6.1.4 节中提到的，双击 StableDiffusion 文件夹中的 webui-user.bat 启动文件，如图 6-43 所示。等待命令符初始化运行完成后，即会通过浏览器自动弹出 SDWebUI 的操作界面。

图 6-43　webui-uer.bat 启动文件

2. 进入SDWebUI

在上一步中，若浏览器未自动打开界面，也可以复制命令行中的 SDWebUI 地址，如图 6-44 中最后一行命令行地址所示。然后，在浏览器地址栏中粘贴 SDWebUI 地址，即可访问到界面，如图 6-45 所示。

图 6-44　命令符中 SDWebUI 的地址

图 6-45　在浏览器地址栏中输入 SDWebUI 地址

通过上述方法，就可以打开 SDWebUI 的操作界面了，如图 6-46 所示。

图 6-46　SDWebUI 操作界面

初次进入 SDWebUI 界面，可能会被满屏的英文按钮吓到。为了更好地使用 SDWebUI 的功能，并理解每个步骤的操作意义，可以使用汉化插件来让 SDWebUI 显示中英对照。

详细步骤如下。

Step01 下载 SDWebUI 汉化插件。首先，进入汉化插件的 GitHub 下载面，链接地址：https://github.com/VinsonLaro/stable-diffusion-webui-chinese。然后，单击 Code 下拉按钮，再单击"复制"按钮，复制 HTTPS 地址，如图 6-47 所示。

图 6-47　汉化插件下载页

Step02 回到 SDWebUI 界面，在顶部选项栏中单击 Extensions 按钮。进入子页面后，再单击 Install from URL 链接。然后把上一步复制的链接粘贴到图 6-48 中 URL for extension's git repository（来源于 URL 的插件）位置。最后再单击 Install 按钮完成插件安装。

Step03 在选项卡中，单击 Installed 按钮进入已安装插件页面。再单击 Apply and restart UI 按钮应用和重启 SDWebUI 即可，如图 6-49 所示。

图 6-48　Extensions 安装界面

图 6-49　Installed 已安装的扩展界面

Step04 等待上一步重启完成，再次回到 SDWebUI 首页。然后单击顶部选项栏中的 Settings（设置），再单击 User Interface（用户界面），单击 Localization（本地化）选项，选择刚刚安装好的 chinese-english-1024 的中英对照扩展插件。最后，单击 Apply settings（应用设置），再单击 Reload UI 按钮重启 SDWebUI，如图 6-50 所示。再次启动，即可看到界面中的按钮显示的是中英文对照效果了。

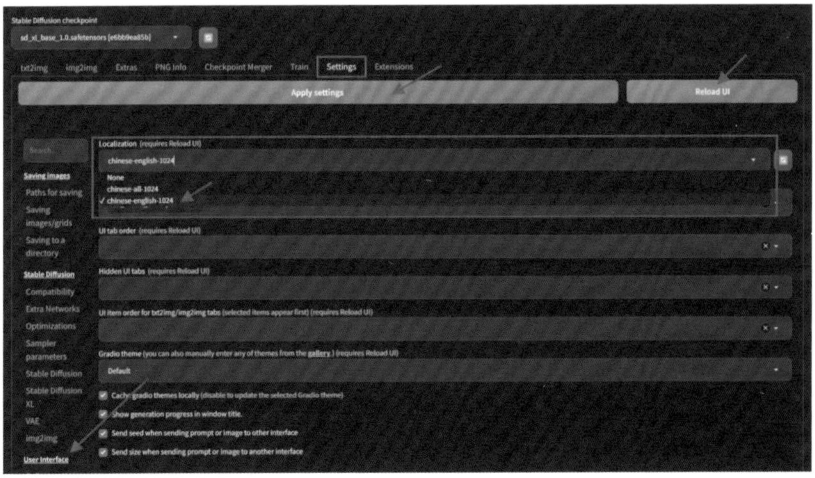

图 6-50　Settings 界面

6.3.2 SDWebUI 界面介绍

来到 SDWebUI 界面首页，可以分为以下几个主要部分，如图 6-51 所示。通过熟悉这些界面区域，将能够更有效地使用 SD 来生成图像。

- 模型选择区：在选项栏中可以选择需要使用的基础模型。
- 标签页区：可以选择生成图像的方式，如文生图（txt2img）、图生图（img2img），以及查看图像信息、设置和安装扩展插件。
- 输入区：用于输入图像的描述。
- 配置区：用于调整生成图像的各种参数，如分辨率、样式强度等。
- 预览区：提交提示词后，生成的图像将在此区域显示。
- 历史记录：展示之前生成的所有图像及其描述。

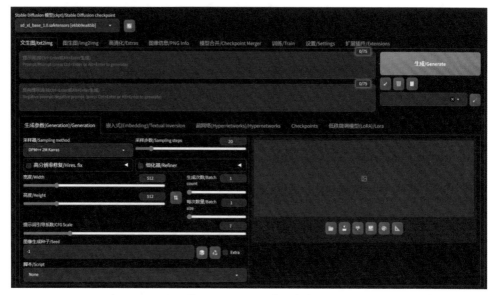

图 6-51　SDWebU 界面首页

6.3.3 SDWebUI 模块功能介绍

接下来，将以文生图（txt2img）功能页面为例，详细介绍 SDWebUI 的操作界面。

- 模型选择区（图 6-52 中①）：单击下拉菜单可以选择所需的模型。在 6.2 节中下载的模型都会出现在这里。选择的模型将直接影响生成图片的风格、效果和质量。
- 输入区（图 6-52 中②、③）：通过正向和反向提示词的共同细化和调整，可以使最终图像更加符合具体预期和创作目标。
    - 正向提示词对话框（图 6-52 中②）：用来描述你希望生成的内容，通常使用明确、具体的词语来指导 AI 创作，确保生成的图像尽可能地贴近自己的想法和创意。
    - 反向提示词对话框（图 6-52 中③）：用来指出不希望出现在生成图像中的元素或

特征。明确指出不想要的内容，帮助 AI 避免在图像创作中包含这些元素，从而更精确地满足需求。

- 生成按钮（图 6-52 中④）：配置好所有内容后，单击"生成"按钮，即可让 SD 产出图像。

图 6-52　txt2img 文生图模块

下一步，来到 SD 的配置区及 Generation 标签页。当前的界面分为以下几个部分。

- 采样器（图 6-53 中⑤）：单击后会列出所有选项。采样器是一种算法组件，会根据给定的提示词生成图像，并决定图像的细节、风格和整体质量。
- 采样步数（图 6-53 中⑥）：决定 SD 在生成图像过程中进行迭代优化的次数。较高的采样步数能够产生更精细的图像，但同时也意味着需要更长的处理时间。
- 图像尺寸设置（图 6-53 中⑦）：可设置生成图片的宽度（Width）和高度（Height），单位是像素。默认状态是 512×512px，适用于 SD 1.5 的原始模式或检查点模型；798×798px 适用于 SD 2.1 的原始训练集，1024×1024px 适用于 SD XL 的原始训练集。注意：尺寸需被 2 整除，否则可能报错。
- 生成次数和每次数量（图 6-53 中⑧）：控制一次操作中可以生成的图像次数（Batch count）及每次生成的图像数量（Batch size）。可以是一次生成一幅图像或同时生成多幅，后者可以快速探索和比较不同的视觉效果，但会占用更多计算资源。
- 提示词引导系数（CFG Scale，图 6-53 中⑨）：这是一个关键的参数，用于控制生成图像时对输入提示词的遵循程度。CFG Scale 值越高，生成的图像越倾向于严格遵循输入的提示词；输入较低的值，则可能产生更自由、创造性的结果。
- 图像生成种子（通常简称为 seed，图 6-53 中的最后一栏）：控制图像生成的随机性，确保生成过程的可重复性。相同的种子值和输入提示词将产生相同的图像。变更种子值会产生不同的图像变体。

最后，图中右侧展示了最终图片生成的位置，可以在当前查看最终的图片效果，并进行后续操作，如打开所在文件夹、选择保存位置或将生成的图片发送到图生图、局部重绘等功能。至此，SDWebUI"文生图"基础界面操作就全部介绍完了。

图 6-53　Generation 标签页

6.4 SD 生成的第一幅作品

在上一节中，讲解了 SDWebUI 界面和所有基础功能操作。接下来，开始在 SD 中生成第一幅 AI 图像。以一个商家营销活动设计为例，逐步完成一幅 AI "文生图"的全部步骤。想象一下，圣诞节期间，一家专卖小猫用品的商家希望发布具有节日氛围的宠物图片，用于吸引顾客点击。我们的目标是生成一幅以小猫为主体，并融入圣诞节元素的场景图来烘托节日氛围。那么，如何使用 SD 的"文生图"功能生成这样一幅满足具体需求的图片呢？下面将通过以下几个步骤来实现。

1. 构建Prompt提示词

首先，需要明确描述想要的场景和主题。如"一只可爱的小猫坐在圣诞礼盒上，戴着圣诞帽"。接着，添加细节，如颜色、光影和情感氛围，以增强画面的丰富性。如："圣诞节日氛围，治愈色彩等"。再来考虑风格和情感表达，比如写实或抽象。同时，保持描述的平衡，避免过于繁杂或过于抽象。最后，描述出所需要的内容，又要留有想象空间，以激发 AI 的创造力。

正向提示词（Prompt）输入："A charming little cat sitting on top of a Christmas gift box, wearing a festive Santa hat, looking into the camera, the background is simple and elegant, featuring colorful gift boxes, contributing to a warm Christmas holiday atmosphere,the image should be artistically designed, 8K high definition, capturing soft, healing colors that enhance the serene and festive mood"，（一只可爱的小猫坐在圣诞礼盒上，戴着圣诞帽，看着镜头，背景是简洁的，有彩色的礼物盒，温暖的圣诞节日氛围，具有设计感的，高清的 8K 图片，柔和治愈的色彩）。

在 SD 中还可以通过反向提示词（Negative Prompt），过滤画面中不希望出现的内容，并避免图片质量过低。明确指出不希望出现在作品中的元素，如特定的物体、颜色或风格。使用简明具体的词语来排除不需要的元素，注意保持正向和反向提示词之间的平衡，避免相互矛盾。如果希望背景尽量保持简洁，不希望出现圣诞树，那么在反向提示词中可以加入"christmas tree"，以及一些常用的避免出现低质量的词，这些控制质量的词语适用于任何图像生成场景。

反向提示词（Negative Prompt）输入："christmas tree, bed, nsfw, worst quality, low quality, normal quality, lowers, comic, bad anatomy, text, error, missing fingers, extra digit, fewer digits, cropped, jpeg artifacts, signature, watermark, username, blurry"，（圣诞树，床，不适宜公开场合，最差的质量，低质量，普通质量，低分辨率，漫画，解剖结构错误，文本，错误，缺失的手指，额外的手指，缺少手指，被裁剪，JPEG 图像缺陷，签名，水印，用户名，模糊）。

2. SDWebUI参数设置

接下来进入 SDWebUI 的参数设置。

详细步骤如下。

Step 01 在顶部的"模型"选项卡中选择合适的模型。这里选择了上一节推荐的 XXMix_9realistic 模型。

Step 02 在文生图（txt2img）设置中，将英文提示词填入图 6-54 中①的对话框内，并在图 6-54 中②的对话框内填入反向提示词的英文内容。

Step 03 选择合适的采样器，这里使用了常用的 Euler a 采样器。

Step 04 设置采样步数，这决定了 AI 生成图像的迭代次数，通常设置在 25 ～ 38，根据生成效果进行调整。

Step 05 保持图像分辨率为默认的 512×512px。

Step 06 设置提示词引导系数，这是正向提示词的权重。值设置得越高，生成的图片与提示词描述的接近程度越高。值设置得较低，则 AI 具有更多的创造空间。

Step 07 将图像生成种子（seed）设置为 "-1"，表示使用随机种子。

Step 08 完成所有设置后，单击 "生成" 按钮，即可生成出小猫戴着圣诞帽站在圣诞礼盒上的图片，如图 6-54 所示。

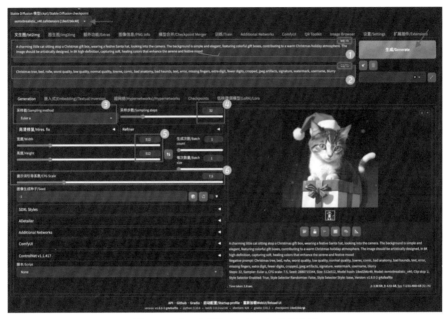

图 6-54　"文生图"（txt2img）参数设置

3. 筛选最优结果

在图像生成过程中，往往不是一次就能得到满意的结果，如图 6-55 所示的图像生成中的过程稿，需要不断地进行尝试。依据结果反复调整提示词和 SDWenUI 中的各项参数，多次生成反复 "抽卡"，最终筛选出优秀结果，如图 6-56 所示。

图 6-55　SD 图像生成过程稿

图 6-56　筛选出的优秀结果

至此，SD 的所有基础操作就介绍完了。

6.5 本章小结

（1）SD 的本地部署流程，包括环境配置与 SDWebUI 的下载和安装。

（2）SD 的基础概念，包括模型的选择与存放导入。

（3）SD 的基础操作，包括首次启动与界面中各个模块的功能操作。

（4）在 SD 中生成第一幅 AI 作品。

第 7 章

SD 高阶玩法

在前面的章节中，介绍了 SD 的界面构成和基础操作。本章将深入探索 SD 的高级功能和高阶玩法，讲解如何充分利用 SD 的高级功能，包括下载和使用扩展插件、ControlNet 插件介绍、图像放大功能及"图生图"功能，从而实现更复杂的图像创作等。

深入学习的每一步都可能带来新的挑战和问题，因此，本章将用简单明了的语言进行解释，确保这些内容既易于理解又实用。无论是想要实现更独特的视觉效果，还是简单地想要探索 SD 的潜力，在本章中，都能找到宝贵的资源。

在开始这段旅程之前，需要提醒大家的是，进阶学习是一个持续的过程，不要害怕尝试和犯错，这正是学习和成长的一部分。带着好奇心和探索精神，让我们一起深入探索 SD 的奇妙世界，解锁更多可能性。

7.1 添加扩展的方法

首先，学习如何在 SD 中添加扩展插件。插件是 SD 的一个强大功能，它能让用户的创作体验更加丰富和个性化。接下来，将以 ControlNet 扩展安装为例，分步骤介绍如何添加扩展。

7.1.1 从 SDWebUI 下载和安装扩展

Step 01 进入 SDWebUI 首页，在顶部单击"扩展插件"标签。

Step 02 选择"可用"（Avaliable）选项卡，再单击"加载自"按钮。

Step 03 在如图 7-1 所示的界面的红框内，输入扩展插件名称，按【Enter】键搜索。

图 7-1 "扩展插件"安装界面

Step 04 最后，在搜索结果中单击"安装"（Install）按钮，完成对应扩展的安装即可。

7.1.2 从网站下载和安装扩展

有时在 SD 的"扩展插件"标签页中找不到自己想要的插件，这时就需要找到对应扩展的链接地址，再回到 SDWebUI 安装扩展，详细步骤如下。

Step 01 在浏览器的搜索框中搜索 SD WebUI+ 扩展名称，即可找到对应的扩展下载链接，ControlNet 搜索到的结果如图 7-2 所示。

图 7-2 输入 SD WebUI ControlNet 搜索到的结果

Step 02 单击上述搜索结果，进入 sd-webui-controlnet 的 GitHub 下载页面。再单击 Code 下拉按钮，复制 HTTPS 地址：https://github.com/Mikubill/sd-webui-controlnet.git，ControlNet 扩展下载界面如图 7-3 所示。

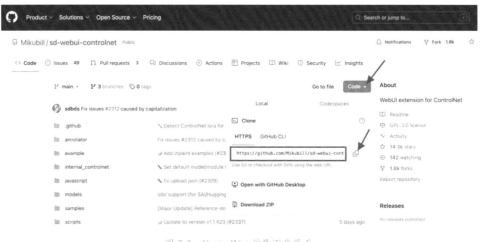

图 7-3 ControlNet 扩展下载界面

Step 03 回到 SDWebUI 首页，单击顶部的"扩展插件"（Extensions）标签，进入扩展插件页。

Step 04 选择"从网址安装"（Install from URL），粘贴步骤 01 中复制的链接地址。

Step 05 单击"安装"（Install）按钮，完成 ControlNet 扩展的安装，若出现如图 7-4 所示的底部红框中的"已安装位置路径"，则表示该扩展插件安装成功了。

图 7-4　"扩展插件"（Extensions）标签页

7.1.3　重启以完成安装

Step 01 选择"已安装"（Installed）选项卡，进入已安装插件列表页，如图 7-5 所示。

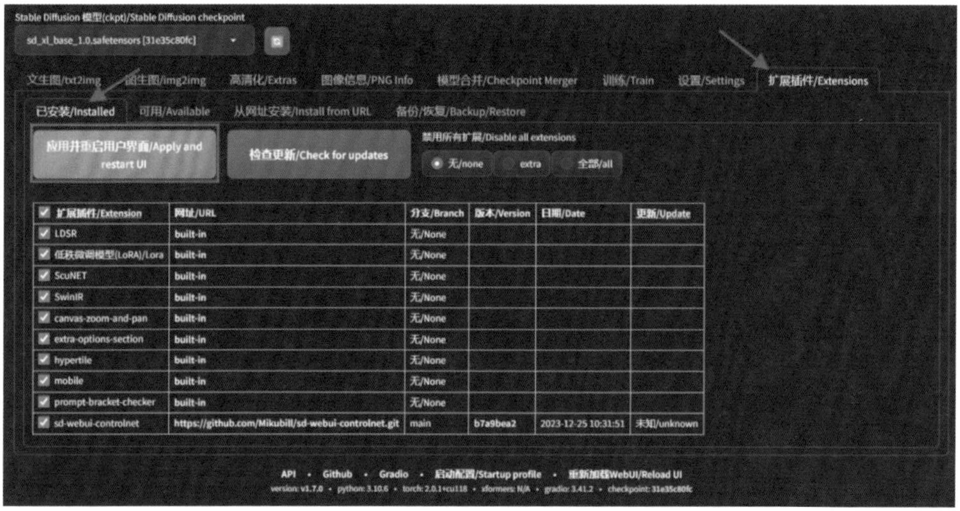

图 7-5　已安装插件列表页

Step 02 再单击"应用并重启用户界面"（Apply and restart UI）按钮，等待完成重启即可。

再次进入 SDWebUI 页面，则可看到 ControlNet 扩展出现在首页中，如图 7-6 所示。任何其他类型的扩展插件都可以按照上述方法完成安装。

图 7-6　SDWebUI 首页界面

7.2　ControlNet 控制网络扩展

本节将深入探索 SD 中的 ControlNet 功能。SD 的基本工作原理是通过分析大量的图像数据来理解图像间的关联和样式，当输入描述性提示词后，SD 会生成相应的图像。然而，传统的 SD 模型在用户控制生成结果方面存在限制，这正是 ControlNet 发挥作用的领域。

7.2.1　ControlNet 扩展介绍

ControlNet 是 SD 中的一个重要扩展插件，它允许用户以更加精细、直观的方式控制图像生成的过程。简单来说，ControlNet 就像是设计师的辅助工具，可以帮助用户指导 AI 理解和执行更复杂的指令。例如，想让 SD 画一幅端午节的海报图，而且特别想在画面中加入一条龙舟。如果没有 ControlNet 扩展，可能需要通过一系列复杂且具体的描述来传达自己的想法。但有了 ControlNet，便可以更直接地指示 SD 在画面中的特定位置添加龙舟，甚至可以调整龙舟的大小和朝向。这就大大简化了创作过程，使得画面更加符合预期。

本节将通过具体案例和操作演示，详细讲解如何使用 ControlNet 创造独特的商业设计作品，还将展示它如何帮助设计师超越传统工具的限制，开拓新的创作领域。总之，ControlNet 代表了 SD 在 AI 驱动设计创作领域的一大进步，它不仅提供了更多的创作自由，也使 AI 设计更贴近设计师的创意和想象。

7.2.2　ControlNet 模型的下载和存放

ControlNet 扩展插件同样是通过其背后的 AI 模型完成对图像的处理和控制的，因此也需要像下载 SD 模型一样，下载和正确存放这些模型。

详细步骤如下。

1. ControlNet模型下载

Step 01　进入 SD 1.5 对应的 ControlNet 模型下载地址：https://huggingface.co/lllyasviel/ControlNet-v1-1/tree/main，找到以 .pth 为扩展名的模型文件。

Step 02　单击"↓"箭头图标进行下载，如图 7-7 所示（注意：请勿使用右键单击网站中的文件名的方式下载，这样会下载错误的模型，导致后续无法使用）。

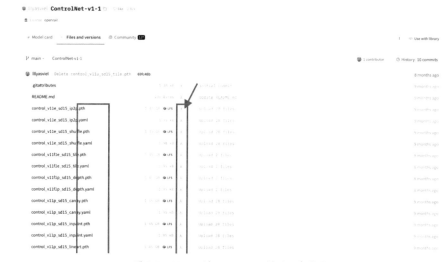

图 7-7　SD 1.5 的 ControlNet 模型下载界面

如果需要使用 SD XL 模型作为底模，则需要下载 SD XL 对应的 ControlNet 模型。下载方法和使用方法与上述一致，如图 7-8 所示。SD XL ControlNet 模型下载地址为：https://huggingface.co/lllyasviel/sd_control_collection/tree/main。

图 7-8　SD XL 的 ControlNet 模型下载界面

2. ControlNet模型存放

Step01 在本地磁盘中找到上一步下载的".pth"格式的模型文件。

Step02 把模型文件放入对应的路径文件夹中，存放路径为：stable-diffusion-webui > extensions >sd-webui-controlnet >models，如图 7-9 所示。

图 7-9　ControlNet 模型文件存放路径

7.2.3　ControlNet 控制模型介绍

前面已经下载和正确存放了 ControlNet 控制模型，下面讲解如何使用这些模型，以及对应的模型具有哪些功能。

ControlNet模型调用详细步骤如下。

Step01 进入 SDWebUI 界面，单击 ControlNet 标签，展开后即可看到 Control Type 对刚刚下载和保存的模型分类，如图 7-10 所示。

图 7-10　Control Type 控制模型类型

Step02 在"模型"（Model）栏中可以选择对应的模型，如未找到相应模型可以单击后方的"刷新"按钮，即可出现最新下载并已经存放在 model 文件夹中的模型了。

最常用的几款控制模型包括 Openpose（动作姿势）、Depth（深度）、Canny（边缘检测 - 线稿）、Softedge（柔和边缘）、Scribble（涂鸦手绘）和 Tile/Blur（分块控制）。在生成图像时根据需要选择对应的模型即可，以下是各个控制模型的效果示例。

- Openpose（动作姿势）：提取输入图片的人体骨骼图、手指和面部表情点位图，如图 7-11 所示。

图 7-11　Openpose 模型控制示例

- Depth（深度检测）：检测输入图片的深度信息和景深关系，如图 7-12 所示。

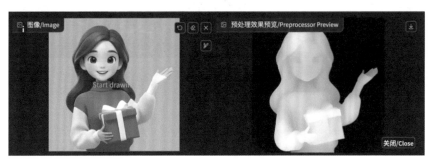

图 7-12　Depth 模型控制示例

- Canny（边缘检测 - 线稿）：提取输入图片清晰的边缘轮廓，如图 7-13 所示。

图 7-13　Canny 模型控制示例

- Softedge（柔和边缘）：提取经过柔和后的输入图片的边缘轮廓，如图 7-14 所示。

图 7-14　Softedge 模型控制示例

- Scribble（涂鸦手绘）：以涂鸦手绘的形式提取输入图片的边缘轮廓，如图 7-15 所示。

图 7-15　Scribble 模型控制示例

7.2.4　ControlNet 参数界面介绍

接下来，讲解 ControlNet 界面中的参数，如图 7-16 所示，可以分为 4 个部分。

图 7-16 中①为"单元"（Unit）选择区，可以进入不同的单元调整参数，或者同时启用 2 到 3 个单元。图 7-16 中②为"图像"（Image）选择区，可以上传需要预处理的图像，以及是否显示预览效果，或者也可以选择"批量处理"（Batch）图像。图 7-16 中③为"控制类型"（Control Type）选择区，可以依据模型分类来选择需要的模型。图 7-16 中④为"控制模式"（Control Mode）选择区，可以选择控制模式、缩放模式和选择预设。

接下来将以提取图片的线框步骤为例，具体介绍 ControlNet 的使用方法。

1. ControlNet预处理图像的详细步骤

Step01 以单幅图像控制为例，如图 7-17 所示。在"图像"（Image）框中通过单击或拖放的方式添加原始图片。

Step02 选择"启用"（Enable）复选框，以启用 ControlNet 扩展。

Step03 是否选择"低显存模式"（Low VRAM）复选框可以依据所使用的计算机配置来抉择，建议显存为 4GB 以下时，选中该复选框。

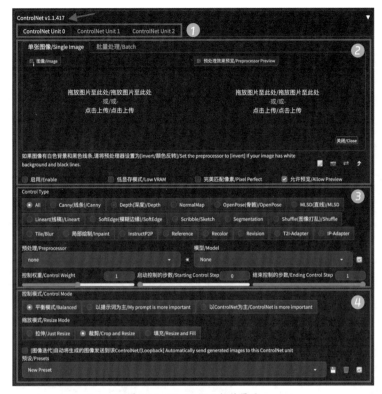

图 7-16　ControlNet 组件界面

图 7-17　"图像"选择区界面

Step 04 选中"完美匹配像素"（Pixel Perfect）复选框，将会与原始图片的像素尺寸相匹配。

Step 05 选中"允许预览"（Allow Preview）复选框，在上方右侧即可看到预处理后的图片预览。

Step 06 在 Control Type 模型类型中根据需要选择相应的模型，比如需要提取图片的线框，可以选择 Canny（线条）或者 Lineart（线稿）类型。

Step 07 在"模型"（model）下拉列表中选择对应具体的控制模型。

Step 08 通过 Canny Low Threshold 和 Canny High Threshold 参数来控制线框的描绘范围和精细程度。

Step09 单击图 7-18 中的"爆炸"按钮，则可在"预处理效果预览"框中看到预处理后的图片，如图 7-19 所示。

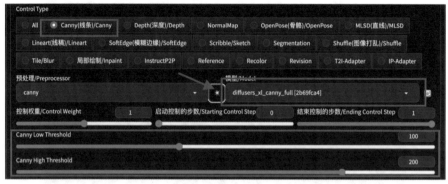

图 7-18 "控制类型"选择区界面

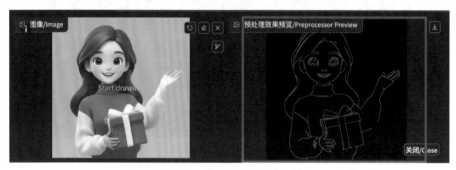

图 7-19 "预处理效果预览"框

2. ControlNet控制创造性和控制精度功能

"控制权重"（Control Weight）决定了控制模型对图像生成的影响力度，高权重意味着更强的控制效果。"启动控制的步数"（Starting Control Step）设定了从哪个阶段开始应用控制，早期启动可以更精确地引导图像生成。"结束控制的步数"（Ending Control Step）则确定了控制模型何时停止，较晚的结束时间可以确保图像严格遵循控制指导。这 3 个参数共同工作，平衡了处理后图像的创造性和控制精度，如图 7-20 所示。

图 7-20 "控制权重"选项

3. ControlNet控制模式功能介绍

在"控制模型"（Control Mode）选项组中，通常选择"平衡模式"（Balanced）单选按钮，实现提示词与 ControlNet 控制之间权重的平衡，确保两者都有适当的影响力。"以提示词为主"（My prompt is more important）模式则代表提示词的权重更高，使生成的图像更贴近用户的描述，而 ControlNet 的影响相对较小。相反，"以 ControlNet 为主"（ControlNet is more important）模式则加重了 ControlNet 的控制权重，而用户的提示词影响力较小。这 3 种模式的切换，可以让用户根据需要调整生成图像的风格和内容，如图 7-21 所示。

图 7-21　"控制模型"选项

4. ControlNet缩放模式功能介绍

"缩放模式"（Resize Mode）一般选择"裁剪"（Crop and Resize）单选按钮，如果原始图片与目标尺寸不一致，此选项会先裁剪部分图像，再调整大小以保持原始比例，但可能会导致一些内容丢失。选择"拉伸"（Just Resize）单选按钮，可以直接改变图片尺寸，不保留原始比例，可能会导致图像形变。选择"填充"（Resize and Fill）单选按钮则是在调整图像大小的同时，填充空白区域以保持整体比例和完整性。完成设置后，可以将这些配置保存为"预设"（Preset），以便在将来的项目中快速应用，无须重复配置每个选项。

以上是 ControlNet 所有的基础内容介绍，在下一节中将以工作中的实际需求为例，帮助读者掌握 ControlNet 的实际应用。

7.2.5　ControlNet 案例实操

一次营销活动中，需要一个抱着礼盒的时尚女性 IP 人物形象来辅助传播购物节日的优惠活动。如果仅通过描述性的提示词，生成这个动作 IP 形象，需要不断生成抽卡，非常耗时耗力。这时，可以利用 ControlNet 的 OpenPose 骨骼控制模型，先固定想要的动作，再将动作"转移"到 IP 形象上，从而快速匹配需求的动作形象。详细步骤如下。

1. 找到合适的姿势照片

找到一幅具有满意姿势的人物照片，使用 OpenPose 来提取人物的骨骼姿势和面部表情，去除照片中的其他元素。

2. 底图上传ControlNet

进入到 SD "文生图"标签，单击 ControlNet 扩展进入界面，将照片上传到左侧的"图像"（image）框内，然后单击启用、完美匹配像素和允许预览。

3. 选择合适的控制模型

在 Control Type 里选择 OpenPose（骨骼）/OpenPose 单选按钮，在模型下拉列表框中选择对应的 t2i-adapter_diffusers_xl_openpose 模型。最后单击"爆炸"按钮，如图 7-22 所示，则可在右侧看到其人物骨骼和面部特征线条图。

4. 设定"文生图"提示词

依据上述需求，输入提示词："a 3D cartoon Ip image, smile, full body shoot, holding a gift box in the left hand, lifting the right hand, (fashionable colors:1.1), Pixar style, high quality，（一个 3D-IP 形象，微笑，全身形象，左手拿着礼盒，右手抬起，时尚的色彩，皮克斯风格，高品质的）。

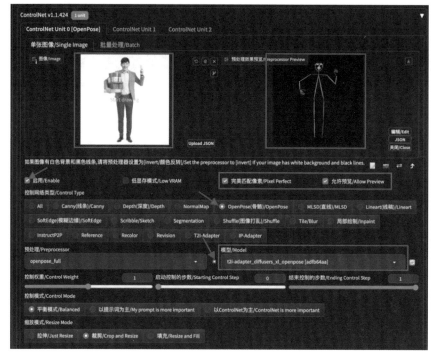

图 7-22　ControlNet 实操模型选择

5. 设置SD参数生成图片

最后，选择合适的 SD 生成模型。再填入提示词。选中"高清修复"复选框，设置采样器为 Euler a、"采样步数"为 30 步。多次调整生成参数，即可得到底图对应姿势的时尚女性 IP 人物形象，如图 7-23 所示。

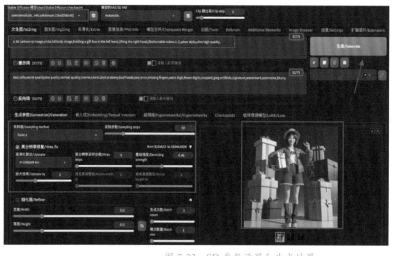

图 7-23　SD 参数设置和生成结果

7.3　PromptAIO 提示词助手扩展

通过前几章的学习，已经了解到提示词（Prompt）在 AI 生成图像中的重要性。正确使用提示词，能引导 SD 生成更符合预期、更精确、更富创造力的图像。一个精心挑选的词汇能够显著影响最终作品，仿佛为 AI 绘画工具注入了灵魂。如果担心描述不够精确，或者英文表达能力有限，使用 PromptAIO 提示词助手扩展可以解决这些问题。

PromptAIO（sd-webui-prompt-all-in-one）是一个基于 SDWebUI 的扩展，旨在提高提示词/反向提示词对话框的使用体验，它拥有更加直观、强大的输入界面功能，提供了自动翻译、历史记录和收藏等功能。

7.3.1　下载与安装

PromptAIO 提示词助手扩展的 GitHub 下载链接为：https://github.com/Physton/sd-webui-prompt-all-in-one。

其安装与使用方法同上述 ControlNet 一致。首先，复制 Code 下拉菜单中的 Git 链接，如图 7-24 所示。

图 7-24　PromptAIO 扩展官网

之后，在 SDWebUI 中通过"从网址安装"（Install from URL）方式进行安装，如图 7-25 所示。

图 7-25　"从网址安装"界面

7.3.2 介绍与使用

完成安装后重启界面，即可在提示词对话框下方出现 PromptAIO 扩展界面，如图 7-26 所示。

图 7-26　提示词助手扩展组件

单击"提示词"前面的按钮，即可展开更多内容，如图 7-27 所示。

图 7-27　提示词组件展开内容

提示词助手扩展把提示词分为了 10 个大类别标签，如人物、服饰、表情动作、画面、环境等。单击不同的标签，即可展开更多子类别和相应的中英文对照提示词，如图 7-28 所示。

图 7-28　"表情动作"标签展开内容

找到想要的提示词内容后，只需单击它，就会出现在上方的提示词框中，如图 7-29 所示。也可以单击提示词标签后方的"删除"按钮，去除提示词框中的对应内容。

图 7-29　提示词单击选择

另外，还有一些便利的提示词优化功能，具体如下。

- 一键翻译提示词：在提示词对话框中输入中文内容，通过单击下方的"AB"按钮，一键翻译对应的英文提示词，如图 7-30 所示。

图 7-30　一键翻译所有提示词按钮

- ChatGPT 生成提示词：单击 GPT 按钮，通过调用 ChatGPT 的 API，提供引导预设给 GPT。然后只需简单地输入想要的内容，GPT 即可返回详细的描述词，如图 7-31 所示。

图 7-31　生成提示词操作界面

- 提示词添加权重：还可以通过单击提示词标签，展开工具栏中的"1+-""()+"或"{}+"来添加提示词的权重，如图 7-32 所示。"1+-"通过数字比例添加单个词权重，每单击 +0.1 或 -0.1 权重，"()+"每次添加 0.1 倍，"{}+"增加 0.5 倍权重，权重控制在 ±0.5 之间较合适。

图 7-32　提示词添加权重操作按钮

- 反向提示词：PromptAIO 也可以用于反向提示词辅助，如图 7-33 所示。具体操作方法和上述正向提示词一致。

图 7-33　反向提示词选择界面

如果对反向内容没有特殊要求，可以用一些通用的反向提示词（如 NSFW），以避免出现不适用工作场合的图片，如 low quality、worst quality 等，用于排除低质量的图片，以及一些用于避免出现多个手指、扭曲人物形象的反向提示词"missing arms, extra legs, fused fingers, too many fingers, unclear eyes"等。

一些常用的反向提示词："NSFW, worst quality, low quality, monochrome, grayscale, lowers, normal quality, skin spots, acnes, skin blemishes, age spot, ugly, duplicate, morbid, mutilated, tranny, mutated hands, poorly drawn hands, blurry, bad anatomy, bad proportions, extra limbs, disfigured, missing arms, extra legs, fused fingers, too many fingers, unclear eyes, lowers, bad hands, missing"

7.4　SD 图像放大的多种方法

在使用 SD 生成图像时，不同版本的模型，推荐使用不同的生成尺寸。如 SD 1.5 的最佳尺寸是 512×512px，SD 2.1 是 768×768px，而 SD XL 是 1024×1024px。这是因为生成较大尺寸的图片需要更多算力，耗时更长且与模型原始尺寸不符的话，可能导致图像错误，如生成的人物有多个头和手。因此，初次生成时通常选择较小且符合模型原始参数的尺寸，以避免错误和加快生成速度。

然而，对于需要追求高分辨率的设计，如户外广告、大型海报等，这些尺寸可能不够用。那么，如何将生成的图像放大，同时提高细节和质量呢？接下来将介绍 SD 的几种图像放大的方法。

- 高清修复（Hires.fix）：在"文生图"过程中，通过放大算法提升图像的清晰度和细节。但这种方法可能会增加图片生成时间，不利于快速产出初稿，在 SDWebUI 中的组件如图 7-34 所示。

图 7-34　"高分辨率修复"组件界面

- 额外功能（Extras）：在 SDWebUI 中如图 7-35 所示，也可以上传生成的图片进行放大处理。这个方法适用于对满意的图片进行优化，但也有可能导致细节损失，效果不理想。

图 7-35　"额外功能"组件界面

- SD 放大脚本（SD Upscale）：在处理时会尽可能保留原图的设计风格和细节特征。这对于完成 AI 商业设计和高质量图像生成特别有价值，无论是细腻的纹理还是复杂的图案，SD 放大脚本都能够有效地对原图进行增强和细化，使图像在高分辨率下依然保持原有的设计风格和完整性。其组件界面如图 7-36 所示。

图 7-36　"SD 放大脚本"组件界面

上述 3 种放大方法各有优劣，那么是否可以取长补短，结合多个方法的优点呢？接下来将介绍如何结合 ControlNet 扩展和"SD 放大脚本"对生成的图片进行高清放大。

在上一章中，生成了一幅 AI 小猫图像，现在，我将使用这幅小猫图片来详解 SD 放大脚本的操作步骤。

1. 将图片发送到"图生图"

进入"文生图"（txt2img）界面，可以看到右侧图像预览区的下方有一个"图片"图标按钮，如图 7-37 所示。单击它就能将该图片发送到"图生图"（img2img）页面。

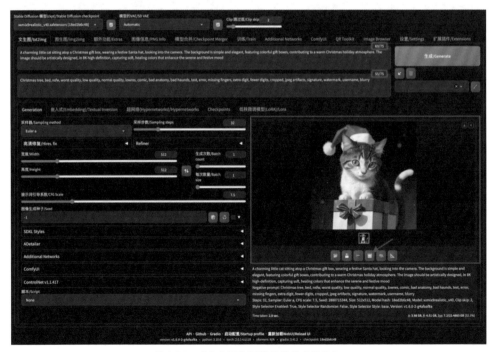

图 7-37　"文生图"预览区图片发送按钮

2. "图生图"界面参数配置

进入到"图生图"（img2img）界面，可以看到界面中保留了"文生图"时所有的参数，这些提示词和其他参数无须再修改。如果是从外部导入的图片，没有对应的提示词，可以通过单击界面右侧的两个反推提示词按钮，如图 7-38 所示，以实现提示词填充，然后再根据图片信息设置相应参数即可。

图 7-38　"图生图"界面

3. ControlNet 参数设置

接下来，进入上一节所讲的 ControlNet 扩展界面。

Step 01 如图 7-39 所示，选择"启用"（Enable）和"完美匹配像素"（Pixel Perfect）复选框。

Step 02 在"模型类别"（Control Type）中选择 Tile/Blur 单选按钮。

Step 03 在"模型"（Model）选项中选择对应的"control_v11f1e_sd15_tile"模型。通过该模型可以很好地保持图片的原始风格和内容，控制放大算法对图片内容的改变，完成ControlNet 的设置。

图 7-39　ControlNet 扩展界面设置

4. "SD放大脚本"参数设置

接下来进入放大脚本的参数设置，详细步骤如下。

Step 01 在"脚本"（Script）中选择"SD 放大"（SD upscale）脚本。

Step02 "图块重叠范围（Tile overlap）"通常保持为 64 像素的默认值，该参数是指将图像分割成多个小块进行逐块放大的过程中，小块之间相互重叠的区域的大小。注意：适当的重叠范围可以保持图像整体的连贯性，减少处理接缝的可见性。

Step03 接下来是"缩放比例（Scale Factor）"及放大的倍率，其会将画面拆分为多个小块分别重绘生成（如放大 2 倍会将原始图片等分 4 块，放大 4 倍则分为 8 块），这样能为图片添加丰富的细节，同时很好地保留了原始图片的风格和内容。这里选择"2"以放大两倍，也可以根据需要自行调整，如图 7-40 所示。

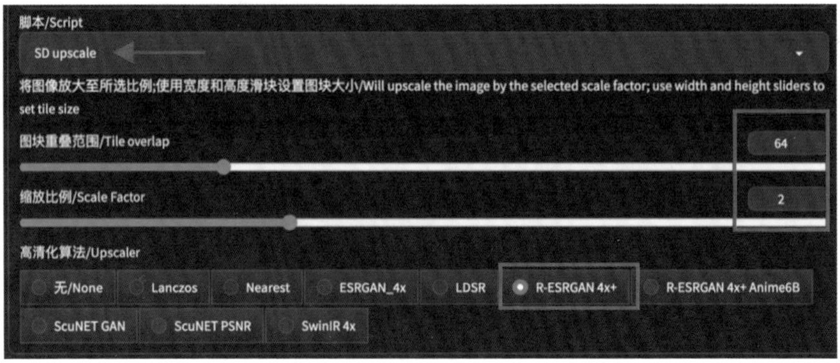

图 7-40　"SD 放大脚本"设置界面

Step04 高清化算法（Upscaler）中常用的几种包括 ESRGAN_4x、R-ESRGAN 4x+ 和 Lanczos。当前推荐使用"R-ESRGAN 4x+"对圣诞小猫 AI 图像进行放大。这样 SD 放大的所有参数就设置完成了。

- ESRGAN_4x（Enhanced Super-Resolution Generative Adversarial Networks）：它是一种基于生成对抗网络的超分辨率方法，能有效增强图像的细节和清晰度。
- R-ESRGAN 4x+：它是 ESRGAN 的进化版，提供更加自然和逼真的放大效果，尤其擅长处理照片和复杂场景。
- Lanczos：它是一种更传统的图像处理方法，通过数学函数增加图像分辨率，适合于对图像细节保持较少的要求。不同的高清化算法适用于不同类型的图像和需求，选择合适的算法可以显著提升放大后图像的质量。

Step05 单击"生成"按钮，即可完成图像放大。

5. 等待算法完成放大

放大图片的过程中，SD 会切割图片分块局部重绘，如图 7-41 所示。

图 7-41　图像放大过程进度

放大后的结果会出现在界面右侧，如图 7-42 所示。

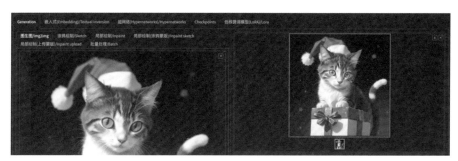

图 7-42　图像放大完成界面

最后，可以看到，与原图相比放大后的图像添加了非常多的细节，画面看上去更立体和真实，如图 7-43 所示。

图 7-43　放大后的小猫 AI 图像

至此，已经完成了 SD 初识和进阶所有内容的学习，包括从本地部署 SD 到利用 SD 完成第一幅 AI 文生图作品，再到添加扩展插件、使用 ControlNet 和"图生图"等高阶玩法。掌握了这些基础知识后，就可以更顺利进入到第 8 章"SD：完成商业设计"的学习。

第 8 章
SD：完成商业设计

本章将深入探索 SD 在商业设计领域的应用。作为一个革命性的 AI 绘画工具，SD 打开了创意设计的新局面。无论是品牌形象设计、广告创意，还是产品视觉展示，SD 都能提供了无限的可能性。

本章将分步拆解 AIGC 商业设计的工作流，讲解如何高效利用 SD，创造出满足商业需求的设计作品。本章将介绍 5 个商业案例，每个案例都从需求分析、提出解决方案到 AI 工作流，完成设计交付的全过程。让我们一起开启 AIGC 商业设计的新篇章吧！

8.1 线稿上色

线稿是描绘轮廓和细节的基础，但手动对线稿上色是一项非常耗时且费力的任务，特别是对于复杂的线稿作品。通过 SD 的 ControlNet 功能，可以对轮廓细节进行精准控制，从而快速完成上色，提高效率和生产力，也可以基于同一个线稿快速实现多种色彩方案，更自由地探索和实现想象力，获得更广阔的表达空间。

8.1.1 需求分析

假设需求方已有大致方向，希望设计侧先提供一个"二次元长发女孩"的线稿供确认，然后输出色彩方案。又或者需求方已经拥有了一个高精度线稿，希望设计侧基于已有线稿方案快速输出几版色彩方案，供最终的参考决策。

8.1.2 解决思路

在以往进行线稿绘制或线稿上色时，如果纯手工设计会非常费力费时。但现在可以先通过 MJ 的提示词描述生成一个满足需求的精细化线稿，确认后再用 SD 并叠加 ControlNet 功能实现对线性轮廓的控制，搭配合适的二次元模型完成线稿上色，快速生成多个配图方案，以满足需求。

8.1.3 AI 工作流

基于上述解决思路，设计工作流如图 8-1 所示。重点在于通过 ControlNet 功能，实现对线性轮廓的控制，并搭配合适的大模型，最终完成线稿向 2D 效果的转变。

图 8-1　AI 线稿上色设计工作流

1. 利用MJ获得线稿

Step01 在 MJ 中构建"线稿"的提示词框架："Black and white line drawing illustration of xxx, cartoon IP character , black lines, sketch, popular toys, blind box toys, Disney style, white background"。其中，在 of 的后面根据需求加上内容主体描述即可。例如，若生成一个"二次元长发女孩"，可以输入："Black and white line drawing illustration of a cute girl with long hair wearing a luxury dress, standing, full body, cartoon IP character, black line, sketch, popular toys, blind box toys, Disney style, white background"。

Step02 在 MJ 中反复生成并筛选出满意的线稿。若生成的线稿精细度足够但不是黑白色，可借助 Photoshop 工具进行辅助处理，比如去色之后调整曲线和色阶，使黑色轮廓的反差度更明显，效果如图 8-2 所示。

图 8-2　线稿

2. SD基础设置

Step01 大模型选择 revAnimated，这个模型很擅长生成二次元画风的内容。生成模式保持默认的文生图模式。

Step02 正向提示词，在线稿描述词后直接加上："((white background)), (8k, raw photo, best quality, masterpiece), amazing, an extremely delicate and beautiful , extremely detailed, cartoon IP character, Disney style, chibi, full body <LoRA:blindbox_V1:0.4>"。

需要注意的是，当前如果不想主动输入提示词，也可使用图生图中的"反推提示词"功能，但一定要在提示词中把"线稿""黑白"相关的描述去除，因为最终效果需要的是一个非黑白线稿的彩色 3D 图。比如当前，就需要去掉 black outline、lineart、line art，如图 8-3 所示。

图 8-3　构建提示词

Step03 可以直接加上负向提示词："black and white"，并在后面添加"Embedding：badhandv4、EasyNegativeV2、badquality"，如图 8-4 所示。

图 8-4　构建负向提示词

Step04 其他参数设置可以按照下面的描述依次执行。"采样方式"保持默认 Euler a，"采样迭代步数"提高到 30，选择"高清修复"复选框，"放大算法"选择 ESRGAN_4x，"生成批次"提高到 2，"每批数量"提高到 2（每次可得 4 张图），如图 8-5 所示。

3. ControlNet提高控制力

Step01 打开 ControlNet，将"黑白线稿图"拖入下方方框内。

Step02 依次单击"启用""完美像素""允许预览"3 个按钮。

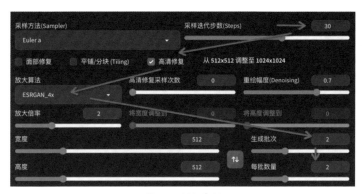

图 8-5　详细参数

Step 03 选中"Lineart"单选按钮进行快筛（部分模式下看不到，可直接跳到下个步骤）。预处理器选择"lineart_standard"（白背景黑线），对应的模型选择有 lineart 后缀的。

Step 04 单击它们之间的爆炸图标。

Step 05 最后单击"生成"按钮，开始生图。

可以看到生成的图片已经按照"线稿轮廓"精准地完成了上色，如图 8-6 所示。

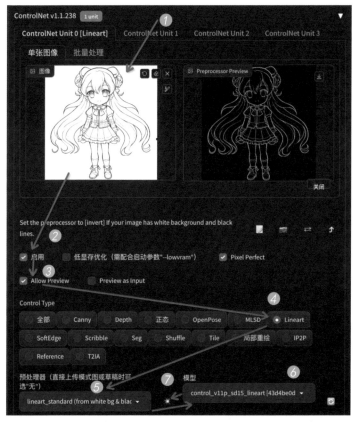

图 8-6　控制操作

4. 效果优化

如果画面主体中有人物，且人物面部五官、表情等不清晰，可以增加对面部的二次修复。

Step01 在上述所有步骤的基础上，单击"Enable ADetailer"按钮以激活。

Step02 单击选择模型 face_yolov8n.pt。

Step03 在提示词框中输入面部精修提示词："detailed blue eyes, light smile"。

再次出图后可以看到面部细节有了很大改善，效果如图 8-7 所示。

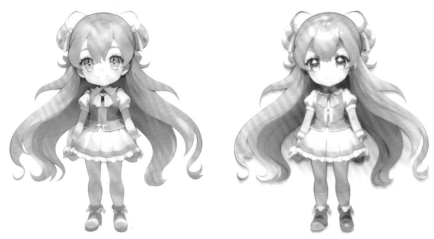

图 8-7　最终效果

8.2　2D 转 3D

3D 效果插画能够创造出更真实、立体的效果，使产品或场景更加生动和具有吸引力，非常适合用于商业设计的主视觉中。同时，3D 效果插画也能够更好地塑造品牌形象，使其更具现代感和专业感，提升品牌的认知度和价值。

假如已经拥有一个 2D 形象，想要渲染出 3D 效果，需要从零建模，是一项非常耗时的工作。本节将通过使用 ControlNet 功能，对轮廓细节进行精准控制，同时还可以保留延续已有的色彩方案，迅速实现一个 IP 角色从 2D 到 3D 效果的改变。

8.2.1　需求分析

假设读者接到一个需求，需要将公司已有的 2D 形象转变为 3D 效果，外形、颜色等细节需要保持一致，并最终制作输出一个 Demo 以获得成功的提案。

8.2.2　解决思路

使用 SD 并叠加线性轮廓控制力和色彩，在合适的模型上获得类似 3D 的效果。

8.2.3 AI 工作流

基于上述解决思路，设计工作流如图 8-8 所示。重点在于通过 ControlNet 功能，实现对线性轮廓及配色的控制，搭配合适的 LoRA 模型完成 2D 形象向 3D 效果的快速生成。

图 8-8 2D 转 3D 设计工作流

1. 准备工作

Step01 加载 LoRA：blindbox（3D 盲盒手办风格的模型）。

Step02 加载 Embedding：badhandv4、EasyNegative、badquality（常用负向集合）。

2. SD基础设置

Step01 模型选择，建议选择二次元系大模型，对 3D 动画角色等生成效果更好，演示模型为 revAnimated。

Step02 为了更好地还原 3D 效果，加载了 LoRA：blindbox。

Step03 输入正向提示词："a girl with long pink hair and a luxury dress, blue eyes, (smile:1.2), standing , Alice Prin, ((white background)), (8k, raw photo, best quality, masterpiece), amazing, an extremely delicate and beautiful , extremely detailed, cartoon IP character, Disney style, (photon mapping, radiosity , physically-base rending, automatic white balance), CG, unity, official art, 3d rendering, c4d, blender, octanerender , popular toys, blind box toys, chibi, full body <LoRA:blindbox_V1:0.4>"。

Step04 输入反向提示词："NSFW, nude, (worst quality:2), (low quality:2), (normal quality:2), watermark"。

Step05 "采样方法"选择"Eluer a"。

Step06 "采样迭代步数"输入"30"。

Step07 选择"高清修复"复选框。

Step08 设置尺寸为：宽 512，高 512。

其他保持默认设置，如图 8-9 所示。

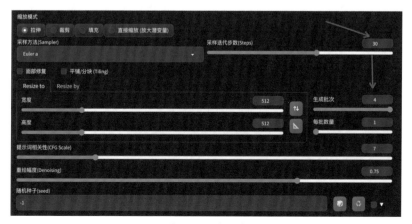

图 8-9 具体设置

3. ControlNet提高控制力

Step01 将已有 2D 彩图拖入窗口中，并选择"启用""允许预览"两个复选框。

Step02 预处理器选择"lineart_anime_denoise"（动漫线稿提取 _ 去噪）。

Step03 预处理器右侧模型选择"lineart"。

Step04 单击"爆炸"按钮，确认线稿的提取效果是否满足预期，如图 8-10 所示。

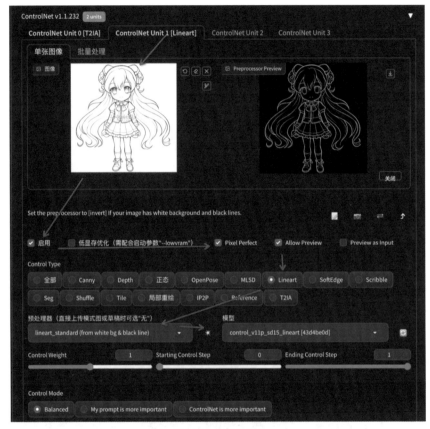

图 8-10 控制设置 1

Step05 在 ControlNet 顶部单击开启一个新的 Unit（单元）。

Step06 将 2D 彩图拖入窗口中，选择"启用""允许预览"两个复选框。

Step07 预处理器选择"color_grid"（颜色网格）。

Step08 预处理器右侧模型选择"color"（颜色识别）。

Step09 单击"爆炸"按钮，确认颜色提取效果。

Step10 调整下方的 Preprocessor Resolution（预处理器分辨率）参数，拖曳滑块至最右侧。

Step11 再次单击"爆炸"按钮，可以看到颜色提取的颗粒度变得更加细腻了，如图 8-11 所示。

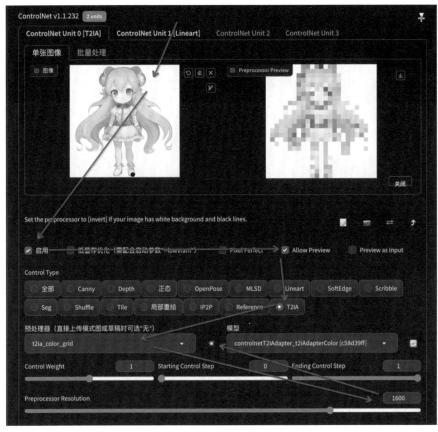

图 8-11　控制设置 2

Step12 单击"生成"按钮，开始生成图。可以看到生成的图已经拥有 3D 质感，并且颜色遵循原有的 2D 彩图，如图 8-12 所示。

图 8-12　抽卡结果

4. 效果优化

如果 2D 素材是人物角色，那么很有可能眼部会有缺陷，眼睛看起来没有神。就像图 8-12 中显示的那样，因为眼部也被盲盒 LoRA 的"塑料"质感覆盖了。因此，需要对眼部进行特殊的重绘。

Step01 单击展开 ADetailer（在 ControlNet 旁边）。

Step02 单击"启用"按钮。

Step03 选择 face 模型。

Step04 在提示词框中输入面部精修提示词："detailed blue eyes，light smile"（有细节的蓝色眼睛，微笑）。

Step05 再次单击"生成"按钮，开始生成图，如图 8-13 所示。

图 8-13　优化设置

等待几秒，就可以获得拥有亮晶晶大眼睛的 3D 人物了，如图 8-14 所示。

图 8-14　优化后的效果

8.3　艺术字

艺术字与超级符号的设计思路基本相同，同样借助 ControlNet 中的 Canny 或者 Lineart 来约束形状的轮廓，最终将预设的形状"绘制"出来，并融入画面中。比较常见的做法是为艺术字赋予一个材质，以更真实的表现方式呈现出来。

8.3.1　需求分析

假设读者接到一个需求，需要将二十四节气中"霜降"设计成一个艺术字海报，要求艺术字本身及海报整体传达的氛围与节气背后的文化含义一致。

8.3.2　解决思路

既然需要与传统二十四节气背后的文化含义保持一致，那么首先可以借助 ChatGPT 来发散并提炼核心提示词。然后根据提示词塑造艺术字的轮廓形状，这步可直接挑选合适的字体，也可以自定义设计。当字形设计好以后，就可以在 SD 中通过文生图快速生成艺术字海报了。

8.3.3　AI 工作流

基于上述解决思路，设计工作流如图 8-15 所示。重点在于通过 ControlNet 功能，生成线性轮廓，并结合合适的材质 LoRA 实现效果。

图 8-15　AI 艺术字设计工作流

1. 生成艺术字字形轮廓

使用任意设计软件或 Word 等文档工具，生成一个只有黑白两种颜色的图，使白色对应艺术字区域。在生成文字时，尽量根据文字意思选取恰当字体，如设计中国传统二十四节气的艺术字，就可以使用楷书、行书、隶书等；有能力的读者还可以根据文字意思进行相应的艺术变形，字体设计的部分就不在这里具体展开了。

本例设计二十四节气中"霜降"的艺术字，"霜降"对应的是"气温骤降、昼夜温差大"，而"霜"是地面的水汽由于温差变化遇到寒冷空气凝结而成的，因此字形、提示词描述都将围绕"霜、冰、寒冷、透明"等元素设计。此处选取一款楷书作为基础，并将文字笔画调整得更加锐利，得到艺术字形状，如图 8-16 所示。

图 8-16　艺术字轮廓

2. SD基础设置

Step 01 模型建议选择"真实系"模型，一般对真实材质和光影效果的理解更加精准。当前演示模型为 MajicmajicmixRealistic_v6。

Step 02 输入正向提示词："SFW, (masterpiece:1.2), best quality, high resolution, extremely detailed wallpaper, Cold, (Ice crystal, Transparent:1.5), Sharp texture, Cool tones, Clear, Icy, Piercing, Winter, snow, Outdoor, Natural, Natural light , sunlight, perfect light"。

Step 03 输入负向提示词："NSFW, (human, girl：2), nude, (worst quality:2), (low quality:2), (normal quality:2), watermark"。因为选取的大模型中经常出现人，因此额外增加了人、女孩的负向提示词，并增加了权重。

Step 04 采样方法选择 Eluer a。

Step 05 迭代步数为"30"。

Step 06 选择"高清修复"复选框。

Step 07 调整尺寸为：宽 512，高 768。

其他保持默认设置，如图 8-17 所示。

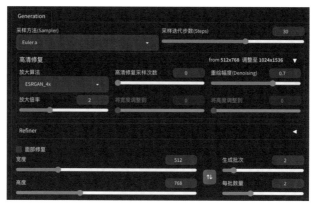

图 8-17　详细设置

3. ControlNet提高控制力

Step 01 将字体形状图拖入窗口中。

Step 02 选择"启用"和"允许预览"复选框。

Step 03 预处理器选择 invert 反转，将图片转换为黑底白字。

Step 04 预处理器右侧模型选择"Lineart"。

Step 05 控制权重设置为 0.8 ～ 1，起始步数设置为 0 ～ 0.2，完结步数设置为 0.8 ～ 0.9。

Step 06 单击"生成"按钮，开始生成图。

可以看到预先设计好的文字图案已经融入了结果中，如图 8-18 所示。

图 8-18　控制设置

4. 效果优化

如果想进一步优化材质，可以搜索并叠加合适的 LoRA。例如，当前想提高艺术字的冰晶质感的通透度，就额外叠加了一个非常适合水、冰晶效果的 LoRA——Water mod，在提示词中增加并赋予权重 <LoRA:WaterMod:0.6>，再次抽卡，就得到了满意的通透效果，如图 8-19 所示。

图 8-19　优化后的效果

8.4　光影字

在 SD 的 ControlNet 中，有两个模型可以用来影响图像的明暗程度和光影效果。一个是 brightness，可以调整图像的亮度、对比度和曝光等参数；另一个是 illumination，可以修改图像中的光照分布，改变物体的阴影、高光和反射等视觉效果。通过在创作过程中叠加上述模型，可以将预先设计好的图案以高光和光影的形式呈现出来，达到更真实且富有艺术化的效果。

如果想区分这两款模型的效果，可简单理解为：brightness 是控制相同光照条件下的不同颜色明暗关系，即将彩照变成黑白照后的明暗对比，白色比灰色更亮，表现出来的图可能会出现比较突兀的材质或颜色突变，看起来比较楞（硬）；而 illumination 是将不同的光影叠加在相同物体上，从而呈现出来的相同材质的亮或暗，看起来相对更合理、更柔和。

8.4.1　需求分析

假设读者接到一个需求，需要将 AI 的字形轮廓巧妙地以光效融入真实的照片中，不能干扰图片中人物的五官，最好在服装上呈现。

8.4.2　解决思路

既然需要用光效呈现，就可以利用前面说到的 ControlNet 中的 brightness 或 illumination 这两个模型来实现效果。基础逻辑还是先获得一个黑白的形状轮廓作为边界参考，然后再进行精细控制。

8.4.3　AI 工作流

基于上述解决思路，设计工作流如图 8-20 所示。重点在于通过 ControlNet 功能，基于线性轮廓的控制，挑选合适的光影模型，最终实现光影艺术字在内容中的融合效果。

图 8-20　AI 光影字设计工作流

1. 生成艺术字字形轮廓

图 8-21　艺术字轮廓

使用任意设计软件或文档工具（如 Word），生成一个只有黑白两种颜色的图，其中白色对应高光区域。可适当增加图案的模糊特性，从而提高与图片融合的效果，生成一个 AI 样式，如图 8-21 所示。

2. SD基础设置

Step01 建议选择"真实系"模型，一般对光影的理解更加精准。当前演示模型为 MajicmajicmixRealistic_v6。

Step02 输入正向提示词："20 y.o. girl, long hair , sweater , woolen hat, high contrast, (natural skin texture, hyperrealism, soft light, sharp), simple background, sunlight, studio light, (looking at the camera, front view:1.2)"。

Step03 输入负向提示词："NSFW, nude, ng_deepnegative_v1_75t, badhandv4, (worst quality:2), (low quality:2), (normal quality:2), lowres, watermark"。

Step04 采样方法选择"Eluer a"。

Step05 迭代步数为"30"。

Step06 选择"高清修复"复选框。

Step07 调整尺寸为：宽 512，高 768。

其他保持默认设置，如图 8-22 所示。

3. ControlNet提高控制力

Step01 将高光形状图拖入窗口中。

Step02 选择"启用"和"允许预览"复选框。

Step03 预处理器选择 none。

Step04 预处理器右侧模型选择 Brightness。需要注意的是，当前如果上传的图是白底黑字，则预处理器选择 invert 反转，将图片转换为黑底白字。

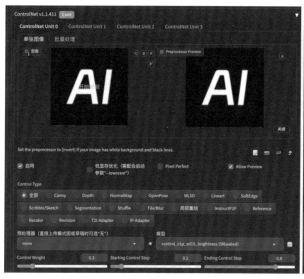

图 8-22 详细设置

Step 05 单击"爆炸"按钮，确认图片的黑白逻辑。

Step 06 控制权重设置为 0.2 ~ 0.5，起始步数设置为 0 ~ 0.2，完结步数设置为 0.8 ~ 0.9。

Step 07 单击"生成"按钮，开始生图。

可以看到预先设计好的高光图案已经表现在生成图中的高亮位置，如图 8-23 所示。

图 8-23 控制设置

4. 效果优化

图 8-23 中的图案直接盖在了主体脸上，效果不佳。如果想进一步优化构图，可通过叠加 ControlNet_Openpose 的方式确定人物与高光的相对位置。首先找到一张满意的人物姿势参考

图，基于这张参考图调整合适的高光位置，生成一张搭配的高光形状图，如图 8-24 所示。

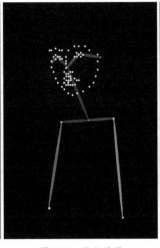

图 8-24　优化设置

Step01 将新调整的高光形状图拖入窗口中。

Step02 ～ Step06 与上一步完全一致。

Step07 在 ControlNet 中额外增加一个 Unit，拖入人物姿势参考图。

Step08 预处理器选择 openpose_full。

Step09 预处理器右侧模型选择 openpose。

Step10 单击"生成"按钮，开始生图。

可以看到这次生成的图片，无论是构图还是高光效果，都非常符合预期，如图 8-25 所示。

图 8-25　优化后的效果

8.5　艺术二维码

相比传统的条形码，二维码可承载更多信息，但它仍只是一个个像素点。现在借助 AI 工具，可以将技术与艺术做到完美结合，将二维码巧妙地隐藏在一幅绘画作品中。在商业场景中，"艺术二维码"能以不显眼的方式融入海报、宣传册或产品包装，给用户带来不一样的互动体验。作为个人，也可以将"艺术二维码"作为创意礼物，为特别的人订制一份独一无二的惊喜。

8.5.1　需求分析

假设读者接到一个需求，需要将网址或一句话转变为二维码，并将其轮廓巧妙地融入照片中，不能看出有二维码痕迹，但又需要二维码可被扫描成功。

8.5.2　解决思路

既然需要保障二维码的可识别性，同时又需要将二维码的轮廓融入图片中，就可以用 ControlNet 中的 qrcode_monster 模型来实现效果。为了让二维码更好地融入，在开始时需要借助工具对二维码的形状进行优化。同时在创建提示词时，也需要注意增加一下特定的元素，使融合效果更好。

8.5.3　AI 工作流

基于上述解决思路，设计工作流如图 8-26 所示。重点在于对二维码的优化，既要可识别，又需要尽量进行艺术化处理，使它不易识别。

图 8-26　二维码艺术字设计工作流

1. 生成二维码轮廓

通过 QR Toolkit 网页版，生成一个基础二维码作为后续创作的基础。这个基础二维码的具体形状和布局，将直接影响最终生成的效果。这步的核心目标是：在二维码可被识别的基础上，使它的视觉表现尽量不像二维码。因此，下面生成二维码的过程中，需要尽量弱化常识中二维码的样式（3 个方形定位点），同时让变形后的黑白图案尽量简单且均匀，这样会令最终成品图效果更好，使二维码更好地隐藏在图中。下面就带领读者一步步调整参数，生成一个合适的基础二维码，如图 8-27 所示。

详细步骤如下。

Step01 在最上面的对话框中填写最终扫描二维码后的结果，可填写一段文案，也可以是一个网址。当前输入的字符量越大，生成的二维码就越复杂，注意控制网址的长度。若网址过长，可使用线上工具优化变短。本例用简单的一句生日祝福语作为示意。

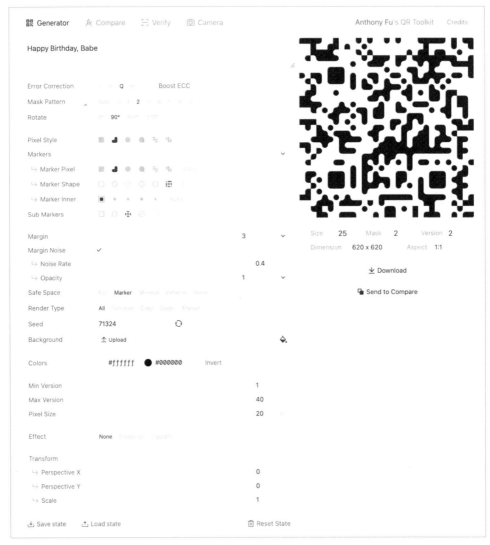

图 8-27　二维码设置

Step02 设置 Error Correction（二维码变形后被成功识别的容错能力），后面 4 个字母对应 4 个递增的能力级别：Low、Medium、Quartile、High。不同的容错类型，二维码的复杂程度 也会有变化。为了保障二维码的有效性，建议选择 Q 或 H。后面还有一个 Boost ECC 选项， 进一步增加容错能力。若选择低容错类型，则会让二维码轻微复杂化。

Step03 设置 Mask Pattern（遮罩图案），它决定了二维码的"点"的分布样式。从几个选 项中挑选一个分布尽量均匀且比较简单的，在后期进行艺术化加工后效果最好。Rotate（旋 转二维码）：建议将两个定位点调整到画面下方，便于提高隐藏效果。Pixel Style（像素点样 式）：当前可随意选择，建议选择第二个圆角样式，整体更加柔和圆润。

Step04 设置 Markers（定位点样式），仍然选择使整体分布均匀且简单的样式。Marker

Shape 建议选择最后一个选项，可更好地隐藏。Marker Inner 为了保证有效识别，建议选择第一个选项。Margin（外边距）：可以增加留白继续隐藏二维码。为了保证有效识别，建议设置数值不超过 5。Margin Noise（外边距噪点）：选择该复选框后适当增加噪点，使外边图案与内部均匀度相当，建议设置为 0.3 左右。

Step05 其他数值保持默认即可，最下方还可选择 Effect（特效），进一步艺术化像素点，可灵活调整。

Step06 全部设置完成后，先扫描一下确认二维码的有效性。确认后，单击右侧的 Download（下载）按钮，即可获得基础二维码。

2. SD基础设置

Step01 模型可灵活选择，建议先从二次元向大模型开始尝试。当前演示模型为：万象熔炉 AnythingV5。

Step02 输入正向提示词："best quality, masterpiece, depth of field, 1girl, dress, sky, clouds, plants, flowers, water"。

Step03 输入负向提示词："NSFW, nude, badquality, BadNegAnatomyV1, badhandv4, EasyNegativeV2"。

Step04 采样方法选择 DPM++ 2M SDE Karras。

Step05 迭代步数设置为 50。

Step06 选择"高清修复"复选框。

其他保持默认具体操作，如图 8-28 所示。

图 8-28　构建提示词

3. ControlNet提高控制力

Step01 将二维码拖入窗口中。

Step02 选择"启用"和"允许预览"复选框。

Step03 预处理器选择 none。

Step04 预处理器右侧模型选择 qrcode_monster。

Step05 控制权重设置为 1.0 ～ 1.5，起始步数设置为 0 ～ 0.1，完结数设置为 0.8 ～ 0.9，如图 8-29 所示。

Step06 单击"生成"按钮，开始生图。最终效果如图 8-30 所示。

如果您的图像有白色背景和黑色线条，请将预处理器设置为 [invert].

☑ 启用　　☑ 允许预览

Control Type

| ⊙ 全部 | Canny | Depth | 正态 | OpenPose | MLSD | Lineart | SoftEdge | Scribble |
| Seg | shuffle | Tile | 局部重绘 | IP2P | Reference | T2IA | | |

预处理器 preprocessor

Model

control_v1p_sd15_qrcode_monster

控制权重 Control Weight　　1

起始步数 Starting Control Step　　0.1

完结步数 Ending Control Step　　0.9

图 8-29　控制设置

图 8-30　效果展示

4. 效果优化

首先，可以对提示词进行优化。为了更好地隐藏二维码并提高效果，建议提示词中增加一些形状不固定，可聚集可分散的元素。例如，流体/粒子类的 wave（浪花）、snow（雪花）、cloud（云朵）；自然/环境类的 plants（植物）、flowers（花朵）、leave（树叶）、buildings（建筑）；布料材质类的 lace（蕾丝）、缎带（ribbons）等，如图 8-31 所示。

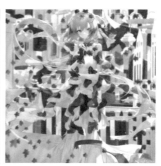

图 8-31　其他优化效果

然后，对人脸进行优化。若提示词中有人物，启用 ADetailer 选择 face_full 结尾的模型，并在下方的提示词框中输入面部相关描述，如 smiling（微笑）、wide-open eyes（睁大眼睛）、glasses（戴着眼镜）等。

最后，还可以对图形优化。启用 ADetailer，打开 Mask Preprocessing（蒙版预处理），降低 Mask erosion(-)/dilation(+) ≤ 0，但不要小于 −5，这步会使蒙版影响区域向内收缩，使只有像素点中心位置受到控制，释放更多空间给 AI 自由创作，使最终效果更好。

8.6　超级符号：AI 品牌符号创意设计

品牌超级符号是指具有强烈辨识度和深厚文化意义的品牌标志或符号。这些符号通常通过简洁独特的视觉设计传递品牌的核心价值和理念，同时与消费者产生强烈的情感共鸣。比如苹果的"苹果"标志、耐克的"勾形"标志等，它们不仅是图形，更是品牌故事、价值观和用户体验的集中体现，成为品牌身份的重要组成部分。这些超级符号往往能够跨越语言和文化界限，在全球范围内被广泛认知和尊重。通过创意设计帮助品牌传播，产生热点事件是因特网设计师的重要工作之一。本节将以简单的"AI"图形为例，来模拟超级品牌符号的创意设计过程，并介绍如何利用 SD 和 ControlNet 来实现它。

8.6.1　需求分析

图 8-32 所示为需求场景还原实例，该需求希望借助 AIGC 的热点，完成一次品牌传播的营销创意设计，让品牌超级符号"AI"文字融入不同的场景中，通过夸张的、有视觉冲击力的海报，投放到社交媒体平台，制造热点营销事件，传递品牌心智，加深品牌符号"AI"在用户心中的记忆点。接下来，将以"AI"超级品牌符号为例带领读者完成该类型的设计需求。

图 8-32　需求场景还原实例

8.6.2　解决思路

希望对 AI 图形填充不同的创意元素，同时 AI 图形能与背景产生关联，又能突出 AI 图形的品牌符号特征。因此，需要用到 SD 的 ControlNet 来对图片进行控制并完成生成。首先，需要有一张 AI 图形的"黑底白字"图片，然后导入 ControlNet 中。通过不同的控制模型［如 Scribble（涂鸦）、lineart 或 Canny（线稿）模型］让 SD 识别图片中的 AI 图形轮廓，再通过文字描述用"文生图"（txt2img）将需要出现的元素和风格生成在 AI 图形和背景中。

8.6.3　AI 工作流

如图 8-33 所示。首先，我们需要利用 Photoshop 制作一张 AI 的品牌符号的图片。之后，写出多套不同场景的"文生图"提示词，再依据提示词选择最优的 Checkpoint 或 LoRA 模型，再依次设置 SD 的参数，选择对应的 ControlNet 模型和参数设置。多次生成，反复调整参数，选择最优结果并保留下来。再替换不同的提示词，完成不同场景的创意图片生成。最后，收集多个最优结果完成超级品牌符号的设计。接下来，将一步步带着大家完成该 AI 工作流的实操。

图 8-33　AI 品牌符号创意设计工作流

1. 黑底白字图

首先，需要创建一个 AI 图形，导入 Photoshop 中添加黑色背景。注意将图片尺寸调整为 512×512px。再导出制作完的 AI 图形即可，如图 8-34 所示。

2. 提示词设定

以制作 AI 图形与海滨日落场景结合为例。提示词的结构可以是：主体＋各类元素＋环境氛围＋图片质量描述，按照该结构写出内容，然后就可以用到第 7 章中介绍的 PromptAIO 提示词助手优化提示词，如图 8-35 所示。

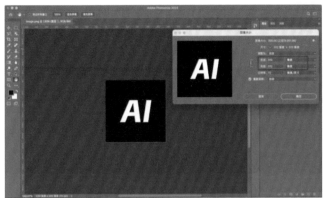

图 8-34　在 Photoshop 中创建的 AI 图形

图 8-35　PromptAIO 提示词助手优化界面

输入正向提示词："Transparent Waves, Blue Ocean Waves, Flying Birds, Villas, Beautiful Sunsets, ((Best Quality)), ((Masterpiece)), (Height Detail: 1.3)"。

如果在画面中没有特别不想出现的内容，那么反向提示词则可以使用第 7 章中提供的万能语句。

输入反向提示词："bed, nsfw, worst quality, low quality, normal quality, lowres, comic, bad anatomy, bad hands, text, error, missing fingers, extra digit, fewer digits, cropped, jpeg artifacts, signature, watermark, username, blurry"

3. 选择模型

当前选择 dreamshaper 模型，如图 8-36 所示。在第 6 章模型推荐中已介绍过，它是一款质量非常高的综合模型。

图 8-36　dreamshaper 模型选择

4. SD参数设置

下滑来到 SD 参数设置界面，如图 8-37 所示。"采样器"采用写实类风格，可选DPM++ 系列或 Euler a 通用类。"采样步数"输入 30 步。再选择"高分辨率修复"复选框，保持默认放大 2 倍，"放大算法"选择 ESRGAN_4x，"重绘幅度"尽可能降低，输入"0.2"，生成尺寸保持 512×512px 的默认尺寸。最后将提示词引导系数设置为"10"。

5. ControlNet参数设置

首先，将第 1 步中制作的 AI 图形上传到 ControlNet。然后选择"启用""完美匹配像素"

和"允许预览"复选框。再选择 ControlNet 控制类型，当前选择 Lineart 单选按钮，若素材图为白底反黑，则预处理器选择"Invert"反向，如图 8-38 所示（选择 Lineart、Scribble、Canny 或 SoftEdge 这几个模型，会有不同效果，大家可以自行尝试）。

图 8-37　SD 参数设置界面

图 8-38　ControlNet 参数设置界面

6. 多次生成选择最优结果

最后，经过多次生成，如图 8-39 所示，选择该场景下的最优效果并单击鼠标右键进行保存，如图 8-40 所示。

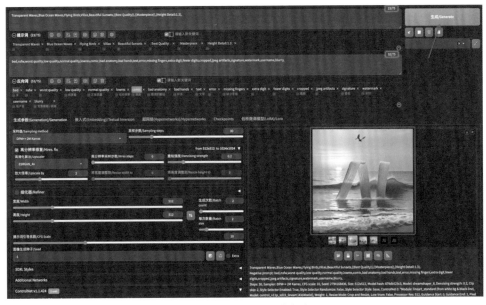

图 8-39　SD "文生图" 生成界面

图 8-40　AI 品牌符号最优结果

7. 完成不同风格场景的生成，交付设计

图 8-41 所示为各种提示词下完成的效果，可以多尝试不同的提示词及模型，也可加入 LoRA 影响结果。快去尝试完成属于自己的创意超级符号吧！

图 8-41　不同风格场景下的完成效果

8.7　建筑设计：AI 室内设计

互联网设计师的日常工作中，也有可能会接到一些室内设计的工作，比如办公环境的升级、园区公司氛围建设，或者是搬到新园区后，设计属于公司文化的装修风格等。那么作为非室内设计专业背景的设计师，是否可以用 AIGC 高效、高质量地完成这类工作需求呢？接下来，将分步骤讲解使用 SD 配合 ControlNet，来完成建筑室内装修设计的方法。

8.7.1　需求分析

图 8-42 所示为需求场景还原实例，接到需求后，要对具体的内容进行分析，明确需求后才能知道用什么样的 AI 技巧来解决问题。下面将以"新园区办公休闲区空间室内设计"为例，带领读者用 SD 一步步完成室内设计的需求。

图 8-42　需求场景还原实例

8.7.2　解决思路

如图 8-43 所示，可以看到新园区已经完成了硬装修，但还缺少相应的软装。可以利用 SD 的"图生图"功能，完成其软装设计。

首先，可以看到图中缺少如休闲沙发、桌椅、吧台等休闲区应有的元素。可以通过"文生图"的方式在图中补充这些内容，并使用相应设计风格描述来达到预期效果。其次，如何保持原始照片的结构不变，在其框架内添加上述元素和室内设计风格呢？通过第 7 章的学习，可以使用 ControlNet 控制图片结构，从而确保生成的新元素和软装风格是基于原始照片结构生成的。

图 8-43　新园区办公休闲空间照片

8.7.3　AI 工作流

接下来，进一步梳理上述的解决思路，如图 8-44 所示。首先，需要选择（下载）合适的室内设计 Checkpoint 或 LoRA 模型。然后，确定需要添加的元素和风格以完成提示词的设定，再设置 SD 的参数和 ControlNet 的参数。最后，通过多次生成反复调整参数找到满意的效果，再通过 SD 放大和 Photoshop 调整就可以交付了。

图 8-44　AI 室内设计工作流

1.选择模型

首先，打开 SDWebUI，在"文生图"界面中选择 XSarchitectural-InteriorDesign 室内设计模型，如图 8-45 所示。

图 8-45　SDWebUI 模型选择

如果没有该模型，可以通过地址：https://civitai.com/models/28112/xsarchitectural-interiordesign-forxsLoRA 下载模型，如图 8-46 所示，可以看到它是一个专注于室内设计的 Checkpoint 模型。

图 8-46　室内设计模型官网示例

2. 提示词设定

接着，建立正向提示词框架：主体描述＋环境描述＋风格描述＋图片质量描述＋附加信息；反向提示词框架：万能反向提示词＋特定内容。依据该框架和 PromptAIO 提示词助手的优化，如图 8-47 所示。

图 8-47　正向提示词输入

输入正向提示词："Interior design of high-end office buildings, ((office leisure space design)), ((a soft sofa)),(water bar),green plants, comfortable environment ,quality, a light gray carpet, advanced design, realistic rendering,8k,warm-toned"。

输入反向提示词："bed, nsfw, worst quality, low quality, normal quality, lowres, comic, bad anatomy, bad hands, text, error, missing fingers, extra digit, fewer digits, cropped, jpeg artifacts, signature, watermark, username, blurry"

3. SD参数设置

Step01 "采样器"选择 Euler a 或者 DPM++ 系列采样器。

Step02 "采样步数"设置成 32，随着图幅的增大，应适当地加大采样步数，使画面获得更多的细节。

Step03 选择"高分辨率修复"复选框。

Step04 "放大算法"选择 R-ESRGAN 4x+。

Step05 "重绘幅度"设置为 0.4 ～ 0.7。

Step06 "放大倍率"填入 2。

Step07 生成图片尺寸设置成 544×289px，尽量与 512×512px 接近，可适当超出该范围。

Step08 提示词引导系数设置成 8.5，以加大提示词权重，如图 8-48 所示。

图 8-48　SD 参数设置界面

4. ControlNet参数设置

Step01 在图 8-49 的左上角的红框内，上传新园区拍摄的室内照片。

图 8-49　ControlNet 参数设置界面

Step02 再选择"启用"和"允许预览"复选框。

Step03 在控制网络类型中选择 MLSD（直线）模型，该模型可以识别图片中的直线，并提取这些线条，以控制生成图片的内容在这些框架中，从而实现 AI 生成室内装修设计。

Step04 单击图 8-49 中的"爆炸"按钮，即可在右侧看到预处理后的图片效果。

Step05 最后，设置 MLSD Value Threshold 和 MLSD Distance Threshold 值，用于调整线条的显现。

5. 生成图片反复调整参数

经过反复调整上述各项参数，多次生成效果图，优化迭代提示词，尝试不同的风格，产出的系列结果如图 8-50 所示。

图 8-50　产出的多风格效果图

6. 选择最优的生成图片

选择合适的概念图，图 8-51 所示为筛选出的 4 种风格，发给需求方后，再经过讨论，最后选择图 8-51 左上角的图片继续推进。

图 8-51　筛选出的 4 种室内风格

7. Photoshop后期处理

如图 8-52 所示，把选中的图像导入 Photoshop 中，调整不合理的地方及图片曝光曲线等，优化生成的概念图。

图 8-52　在 Photoshop 中处理生成的概念图

8. 导出效果图

最终效果如图 8-53 所示，把该方案交给装修公司，依据概念风格图给出相应的施工图，进一步推进施工。

图 8-53　休闲区室内设计概念图方案

8.8　工业设计：AI 产品概念设计

一些大型节假日期间，互联网公司往往会为员工准备精心设计的伴手礼。例如，1024 程序员节会送键盘、鼠标等，"三八"妇女节会送给女性员工饰品摆件等，春节、中秋节也会送主题相关的伴手礼。作为一名互联网设计师，之前并没有接触过产品设计，拿到这样的设计后，可以利用 AI 辅助自己高效、高质量地完成纪念品产品造型的设计。这个过程中将不会用到任何 3D 设计软件，只需使用 SD 配合 ControlNet 控制完成产品概念图的设计。下面将分步骤讲解如何利用 AI 完成产品造型概念设计。

8.8.1　需求分析

"三八"妇女节即将到来，图 8-54 所示为需求对话实例。HR 团队希望为全体女性员工订制一款香薰灯礼品，需要设计师完成香薰灯产品的概念设计，以对接供应商完成产品的订制。

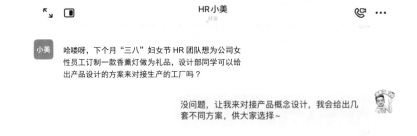

图 8-54　需求对话还原实例

8.8.2　解决思路

在传统的产品设计提案中，首先需要依据产品的需求完成草图设计。然后再利用各种 3D 造型软件，如 Rhino、CAD 等完成建模。最终，通过 KeyShot、V-Ray 等渲染软件输出产品概念图。这个过程非常耗时耗力，并且一旦客户对产品效果不满意，可能需要从头开始重新设计，有可能导致拖延工期，在关键节点前无法完成设计交付工厂，从而影响产品的生产，造成设计事故。而使用 AIGC 的解决方案则可以很好地规避这些风险。

首先，可以利用文生图（txt2img），通过文字描述产品概念设计的方式批量生成"香薰灯"概念图，然后与需求方确认产品的概念方向后，再进一步调整提示词并利用 ControlNet 控制，细化和结构化产品概念设计。最后，完成产品设计图，提供给供应工厂建模生产，利用该 AI 产品设计解决方案可以高效地完成设计需求，帮助产品如期生产投送给员工。

8.8.3　AI 工作流

如图 8-55 所示，和 8.7 节的实例一样，首先需要选择合适的产品设计 Checkpoint 或 LoRA

模型。然后，完成初步的产品概念描述的提示词书写。再大量地生产产品概念，选出几个满足需求的设计确定产品概念设计方向，继续优化提示词，配合 ControlNet 控制细化设计。最后，选择最优的概念图片配合 Photoshop 简单地进行调整，就可以完成交付了。

图 8-55　AI 产品概念设计工作流

1. 选择模型

如图 8-56 所示，选择 Product Design 产品设计的 Checkpoint 模型。

图 8-56　SDWebUI 模型选择框

2. 提示词设定

首先，在第一轮的批量概念图生成过程中，提示词根据设计需求完成前期的概念描述，再配合 PromptAIO 提示词助手优化提示词，如图 8-57 所示。

图 8-57　PromptAIO 提示词优化

输入正向提示词：an aromatherapy lamp, design oriented, for women, beautiful curves, medium size and height, desktop ornaments, unique, advanced, top performers on the Behance leaderboard, minimalist design, intense lighting effects, product design, advanced product design, dark background environment, a warm atmosphere"（一盏香薰灯，具有设计感的，女性用的，优美的曲线，中等大小和高度的，桌面摆件，别具一格的，高级的，Behance 排行榜靠前的，简约的设计，强烈的灯光效果，产品设计，高级产品设计，深色的背景环境，温馨的氛围）。

输入反向提示词："bed, nsfw, worst quality, low quality, normal quality, lowers, comic, bad anatomy, bad hands, text, error, missing fingers, extra digit, fewer digits, cropped, jpeg artifacts, signature, watermark, username, blurry"。

3. SD参数设置

Step01 "采样器"选择 Euler a，这是一个常用且稳定的采样器。

Step02 "采样步数"设置为 34 左右，根据需要具体调整。

Step03 选择"高分辨率修复"复选框。

Step04 "重绘幅度"设置为 0.6 左右。

Step05 "放大算法"选择 R-ESRGAN 4x+。

Step06 "放大倍率"设置为 2。

Step07 "图片分辨率"保持不变，设置批量生产，每次生成 4 张图以上。

Step 08 最后，将提示词的引导系数设置为 8.5，适当提升提示词的权重，如图 8-58 所示。

图 8-58　SDWebUI 参数设置界面

多次生成，反复调整各项参数，批量生成产品概念稿，结果如图 8-59 所示。图 8-60 和图 8-61 所示为精选出来的 4 张合适的概念设计图。

图 8-59　批量生成的香薰灯设计概念图

图 8-60　合适的产品概念图 1

图 8-61　合适的产品概念图 2

4. ControlNet参数设置

经过上述多轮的生成和筛选，确定了进一步的方向，即使用木质底座和陶瓷灯罩，造型偏向简约。接下来，需要进一步生产以得到最终产品概念图，详细步骤如下。

Step 01 如图 8-62 所示，把最终确认的设计概念图导入左侧。

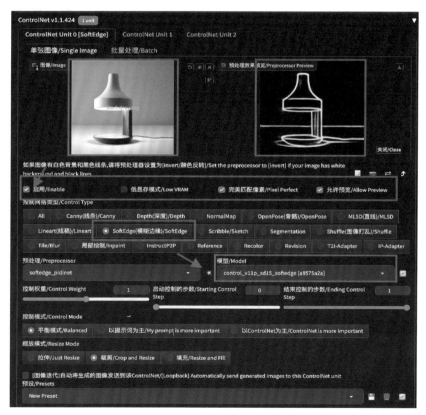

图 8-62　ControlNet 参数设置界面

Step 02 选择"启用""完美匹配像素""允许预览"复选框。

Step 03 "控制网络类型"选择 SoftEdge（模糊边缘）。

Step 04 "模型"选择 control_v11p_sd15_softedge，其他参数保持默认。

Step 05 最后，单击图 8-62 中的"爆炸"按钮，即可在右侧预览处理后的效果。

5. 生成图片反复调整参数

如图 8-63 所示，再次调整提示词，引入不同的颜色风格描述，产出同一个产品的不同款式，供用户选择。批量生成次数选择 4，提示词的引导系数设置为 9.5，提升提示词的权重。ControlNet 保持上述参数，再次批量生成，然后选择最优结果。

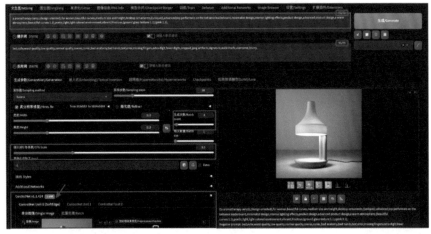

图 8-63　SDWebUI 参数设置界面

6. Photoshop后期处理

打开 Photoshop 软件，如图 8-64 所示。将满意的产品设计概念图导入到 Photoshop 中，修改不合理的地方并调整图片效果，即可完成交付。

图 8-64　在 Photoshop 中进一步处理产品概念图

最后，交付的产品概念图如图 8-65 所示。

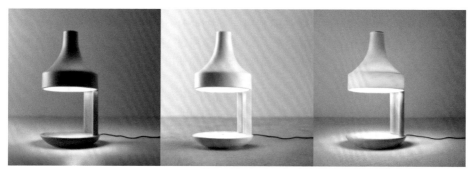

图 8-65　最终交付的产品概念图

8.9　UI 设计：AI 图标 Logo 设计

在界面视觉设计的某些场景中，需要使用一些图标或 Logo，辅助说明功能或消息提示等。同样，可以利用 AIGC 快速生成需要的图标 Logo。过程中无须使用任何 UI 设计软件，只需用到 SD 并配合 ControlNet 完成设计工作，接下来将分步骤讲解如何利用 AI 完成图标 Logo 设计。

8.9.1　需求分析

在新一年财报对外发布稿的设计过程中，公关部希望用到公司的 Logo 延展作为主视角，突出公司的医疗属性和关注前沿科技动态，如图 8-66 所示，需求方希望将已有的平面 Logo，转换为当下流行的 3D 透明玻璃质感风格。给出具体的需求后，只需依据其要求完成设计即可。

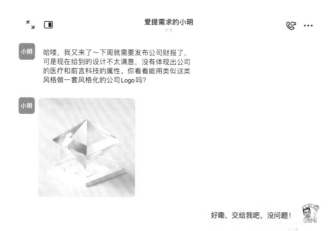

图 8-66　需求对话还原实例

8.9.2 解决思路

视觉设计师以往在设计或延展 Logo 或图标的 3D 设计时，会用到如 Blender、C4D 等 3D 设计软件。但 B 端的产品设计师在日常工作中很少会用到这些软件。用这些软件完成上述需求图标的"3D 透明风格"，是一个较为烦琐的过程。而使用 AIGC 的解决方案，则可以高效地完成需求。

首先，需求方明确说明了"3D 透明风格"并给出了示例图片。通过前面几章的学习，不难想到用"垫图"的方式来转移风格到特定的 icon 设计中。

具体来说，先将平面的 Logo 通过 Illustrator 3D 化并提取轮廓，然后再导入 SD 文生图中，通过提示词"3D 透明玻璃 Logo"等描述，并配合 ControlNet 垫图模型，转移参考风格到自己的 Logo 延展中，经过多次生成和反复调整参数，完成最终 3D 效果 Logo 输出交付。

8.9.3 AI 工作流

如图 8-67 所示，首先，利用 Illustrator 将 2D 的 Logo 图形转为 3D 并提取轮廓线。然后再导入 SD 中，选择合适的 icon 设计的 Checkpoint 或 LoRA 模型，完成风格化提示词设定。设置相应的 SD 参数，再启动两个 ControlNet 模块（unit）分别导入 Logo 的 3D 线框和示例垫图，用于转移风格，快速生成 Logo 设计。最后，反复调整两个 ControlNet 的权重多次生成，选择最佳结果并利用 Photoshop 调整细节，即可完成设计交付。

图 8-67　AI 图标 Logo 设计工作流

1. Illustrator转3D提取线框

首先，用 SD 模拟矢量 Logo 图能更清晰地了解 AI 的生成过程。然后，通过 Illustrator 的"效果 - 3D 凸出"，将平面 Logo 添加厚度转为立体的。最后，填充描边并删除平面填充，从而提取 3D 轮廓线并导出成图片，如图 8-68 所示。

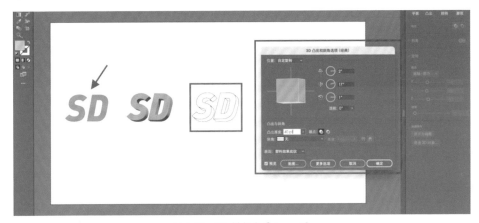

图 8-68　SD 模拟矢量 Logo 图

2. 选择模型

在如图 8-69 所示的模型选项栏中，选择 Bdicon 模型，这是一个专注于图标 Logo 生成的、效果相当出色的 Checkpoint 模型。

图 8-69 模型选项栏

如果没有该模型，可以通过 Bdicon 模型下载地址：https://civitai.com/models/100056/bdicon 下载模型，如图 8-70 所示。

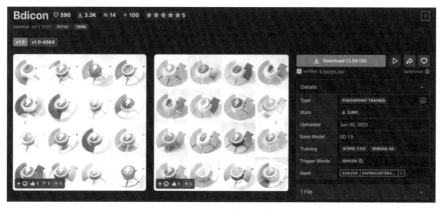

图 8-70 Bdicon 模型下载页面

3. SD参数设置

如图 8-71 所示，这里使用 ControlNet 的"风格转移"模型控制。其无须输入任何提示词（也可以通过提示词加强风格描述），只需选择"高分辨率修复"复选框，并将重绘幅度设置为 0.4 左右即可。

图 8-71 SDWebUI 参数设计界面

4. ControlNet参数设置

如图 8-72 所示，选择"启用""完美匹配像素"复选框，并选择 IP-Adapter 风格转移控制，选择对应的 ip-adapter_sd15 模型。当前控制权重可以适当降低到 0.85 左右。

图 8-72 ControlNet Unit0 参数设置界面

接着，如图 8-73 所示，选择"启用""完美匹配像素"和"允许预览"复选框。然后选择 SoftEdge（模糊边缘）和对应的 control_v11p_sd15_softedge 模型即可。

图 8-73 ControlNet Unit1 参数设置界面

5. 生成图片反复调整参数

之后调整权重参数，也可以加入提示词强化 3D 彩色玻璃风格效果，多次生成，选择合适的结果，如图 8-74 所示。

图 8-74　多次生成的 SD 图标结果

6. 选择最优生成结果

从上述反复生产的结果中选择最优结果，SD 图标设计的最终效果如图 8-75 所示。

图 8-75　SD 图标设计效果

8.10　场景设计：AI 场景设计

在营销活动中创建吸引人的场景氛围，对于强化会场效果和传达营销信息至关重要。传统上，设计项目经理（PM）通常负责提出创意视觉概念和草图，这些设计稿随后会被交付给外包团队或设计公司完成。这个过程经常涉及重复的沟通和复杂的项目排期，而外包团队的能力参差不齐，成本问题也可能导致设计目标未能达成。

引入 AI 设计可以有效地简化这一流程。设计 PM 可以直接通过简单的草图或文字描述，利用 AI 快速生成多样的场景图像，然后从中挑选最佳方案进行细化。这不仅减少了对外部资源的依赖，也显著提高了效率和成本效益。接下来，将分步骤讲解 AI 场景设计的方法，让读者也能成为一名场景设计师。

8.10.1　需求分析

此次需求发生在年底的营销大促期间，图 8-76 所示为需求场景还原实例，业务方希望在分会场向用户传递"24 小时不打烊，全天候药品供应服务"的品牌心智。但此时大多数人力和设计预算都用于主会场的营销设计上了，该分会场缺乏设计资源。也就是说，作为设计 PM 的你，需要一个人完成从设计草图概念到最终营销场景搭建的全流程。

此时，只有 AI 能助你一臂之力，接下来将介绍如何一步步用 AI 替代传统的场景设计工作流的方法。

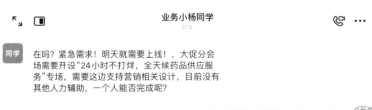

图 8-76　需求场景还原实例

8.10.2　解决思路

营销场景图的设计目的，主要是为了烘托氛围和向用户传递品牌心智。同传统工作流一样，首先可以根据业务需求完成场景的草图绘制。当然，也可以通过文生图，用提示词完成概念图草图的生成，如在提示词中加入"夜间、街道、药店、霓虹灯"等元素或氛围描述词，同时替换使用不同的镜头描述词，如"中景、远景、正视图、一点透视"等生成不同样式的场景氛围。然后，再利用 ControlNet 控制和 SD 放大算法将选中的概念图多倍放大，以满足场景图的分辨率要求。最后，利用 Photoshop 调整图中细节，或加入艺术字体来完成设计交付。

8.10.3　AI 工作流

如图 8-77 所示，首先，依据需求完成场景提示词和镜头场景设定。然后，选择合适的场景生成模型。SD 设置批量生成，对比生成结果选择最优效果图片。再利用 ControlNet 控制保持画面元素和风格，结合第 7 章中介绍的 SD 放大算法完成场景图的高分辨率放大。最后，利用 Photoshop 调整细节并加入艺术字体突出传递品牌心智，完成营销场景设计需求。

图 8-77　AI 场景设计工作流

1. 设定场景概念描述词

场景概念的提示词可以按照如下框架设定。正向提示词框架：主体描述 + 环境描述 + 风格描述＋图片质量描述＋附加信息。反向提示词框架：万能反向提示词＋特定内容。

输入正向提示词："pharmacies line both sides of the late-night street, colorful neon lights,3d rendering style , a dark background, warm lighting, outdoor street scene, cyberpunk, intense light effects, a quiet atmosphere",（深夜的街道两侧是药店，彩色的霓虹灯，3D 渲染风格，深色的背景，温暖的灯光，室外街道场景，赛博朋克，强烈的光效，安静的氛围）。

输入反向提示词："bed, nsfw, worst quality, low quality, normal quality, lowres, comic, bad anatomy, bad hands, text, error, missing fingers, extra digit, fewer digits, cropped, jpeg artifacts, signature, watermark, username, blurry"，如图 8-78 所示。

图 8-78　PromptAIO 提示词优化助手

2. 选择模型

在 SDWebUI 的模型选项栏中，选择 revAnimated 模型，如图 8-79 所示。在第 6 章模型推荐中提到过，是一款非常不错的 Checkpoint 模型。

图 8-79　SDWebUI 模型选项栏

3. SD 批量生成

如图 8-80 所示，"采样器"选择 Euler a，"采样步数"设置为 32，生成尺寸保持512×512px 不变，提示词的引导系数设置为 8 左右。最后，反复调整各项参数，批量生成。

图 8-80　SDWebUI 设置界面

批量生成过程中的场景概念图片如图 8-81 所示。

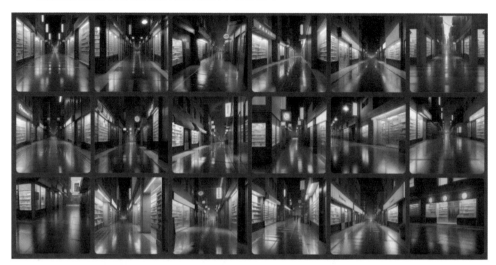

图 8-81　批量生成的场景概念图

4. ControlNet、SD放大算法参数设置

如图 8-82 所示，单击下方的"图片"按钮，将上述生成的比较满意的"文生图"图片发送到"图生图"界面。

图 8-82　SD 参数设置界面

在"图生图"界面中，图片生成参数保持不变，如图 8-83 所示。

之后，来到 ControlNet 的参数设置界面，如图 8-84 所示。

详细步骤如下。

Step01 选择"启用"复选框，启用 ControlNet 控制，"控制网络类型"选择 Tile/Blur，"模型"选择 control_v11f1e_sd15_tile，如第 7 章最后一节所述。

Step02 "脚本"（Script）选择"SD upscale"，即 SD 放大脚本。

Step03 "图块重叠范围"（Tile overlap）和"缩放比例"（Scale Factor）可以保持默认参数。

Step04 "高清化算法"选择 R-ESRGAN 4x+，这是效果最佳且稳定的放大算法。

图 8-83　SDWebUI"图生图"界面设置

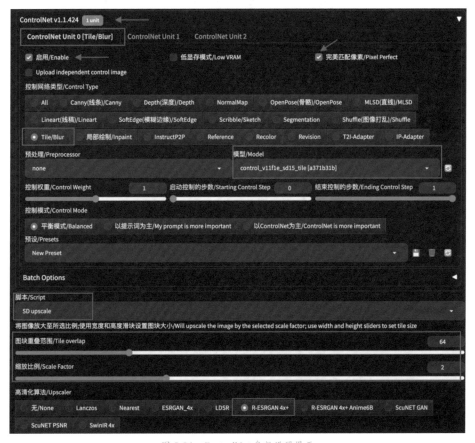

图 8-84　ControlNet 参数设置界面

　　经过放大后的场景图片如图 8-85 所示。可以看到，场景内广告牌上的文字有些混乱，这是 AI 对文字处理有所缺陷导致的。所以，可以将场景图导入 Photoshop 中，进行后期处理，去除不合理的部分。

图 8-85　放大后的场景图片

5. Photoshop后期处理

　　导入 Photoshop 后，首先去除广告牌上的错误文字。然后输入正确的"大药房"名称，并为文字添加外发光效果，使其能更好地融入场景氛围中，如图 8-86 所示。

图 8-86　Photoshop 后期处理界面

最终，经过 SD 高清化放大和 Photoshop 后期处理的场景图如图 8-87 所示，即可完成交付。

图 8-87 经过 Photoshop 处理后的场景效果图

至此，已经介绍完了如何使用 SD 完成商业设计的全部内容。通过 5 个 AI 设计案例的详细分析和具体的步骤化工作流程，希望读者能够掌握运用 SD 进行商业设计的技巧。现在是时候行动起来了！积极将 AI 能力融入日常工作和学习中，以显著提高效率和创新能力。让我们一起探索 AIGC 的无限可能，并在实践中不断进步和创新吧！

第 9 章

SD 模型训练

在经过前 8 章的学习后,读者已经全面了解了 AIGC 设计的全部流程,并运用多个模型解决不同的需求。读者是否对这些模型的训练过程感到好奇呢,或者想尝试训练属于自己的模型呢?

本章将手把手地教会读者,从创建模型底图集开始,到模型结构和训练的全过程。下面,将以训练人物 IP 的 LoRA 模型为例,详解 AI 模型的训练方法。

9.1 什么是 AI 绘图大模型

在开始 AI 模型训练之前,首先简要回顾一下 AI 模型的基础概念。在图像生成领域,AI 绘图模型已取得了很大进展。

目前,主流的绘图大模型包括 Midjourney 公司发布的 Midjourney、OpenAI 公司发布的 DALL-E 和 Stability AI 公司发布的 SD。前面两个绘图模型都是闭源的、非公开的,因此无法利用其进行修改或二次训练。而 SD 模型则是现阶段最具影响力的开源绘图大模型,可以基于它进行二次模型训练。

SD 模型已经经历了多个版本的迭代:早期版本 SD v1.5 以其较低的算力需求而备受欢迎;SD v2.1 在此基础上进行了改进,提升了图像的质量和细节,并增加了更好的从文本到图像的匹配能力;Stability AI 公司在 2023 年 7 月发布了其最新的 SDXL 模型,这是一个质的飞跃,其参数量是最初版本的 10 倍,达到了百亿级,如图 9-1 所示。

图 9-1　Stability AI 开源模型参数对比

这些模型在 AI 生成图片中起着关键作用,不仅能根据简单的文字描述创造出复杂的图像,还大大改变了艺术创作和视觉表达的方式,极大地增强了设计师创作的灵活性和多样性。

SDXL 不仅扩大了参数量，质量也得到了大幅提升，该模型支持生成的图像分辨率高达
1024×1024px，如图 9-2 所示。

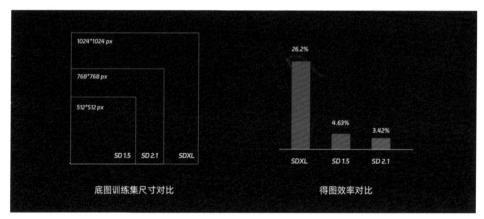

图 9-2　开源模型的地图尺寸和得图率对比

与前两代模型相比，SDXL 提供了更为简便的使用体验，具有更好的输出效果，并且对于
文本描述的适应性也显著提升。

在之前的版本中，为了提高输出质量，经常需要在描述中加入复杂的技术参数，而现在
使用 SDXL，之前那些复杂的额外输入已不再必需，仅通过自然语言的表述就能获得高质量的
图像输出。

SDXL 模型产出的图像具有更丰富的细节，这得益于其创新的 Refiner 结构，如图 9-3 所
示。SDXL 模型包含两部分：一个是基础模型（Base），另一个是细化器（即 Refiner），两个
模型的体积达到了 13GB，可见其原始参数量的庞大。

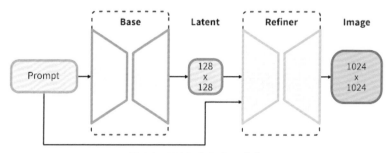

图 9-3　SDXL 的 Refiner 结构

SDXL 的工作原理是：首先使用基础模型生成初步图像，然后通过 Refiner 进行精细加
工，从而显著提升细节水平。

此外，该模型还具备生成文字的能力，可以在画面中直接添加文字设计，如图 9-4 所示，
从而促进 AI 在更多场景下的创新和应用。

这里着重介绍这款模型，是因为基于不同版本的底模二次训练出来的模型互不兼容。因
此，在开始模型训练之前，需要选择合适的大模型版本。

鉴于 SDXL 的独特性和优势，它是当前阶段最合适的选择。

图 9-4　SDXL 文字生成示例

9.2　为什么训练 LoRA 模型

在前几章中已经学习过，SD 图像生成的结果受多个参数的影响，包括提示词的准确性、样本质量、CFG Scale（提示词引导系数）、步数、种子值和图像大小等。这些参数精细地调节着图像的生成过程，以确保输出符合具体需求的图像。

在此过程中，模型本身的架构和其训练质量发挥着核心作用，决定了图像的基础质量和创造性表达的潜力。通过对 SD 的底模型进行二次训练，能够使模型更好地适应特定应用或提高性能。二次训练模型通常是指训练 Checkpoint 模型或 LoRA 模型。Checkpoint 模型是在训练过程中保存的特定状态，便于后续恢复或优化使用，训练后的模型通常在 1GB 以上，这需要更多的算力和时间。

而 LoRA（Low-Rank Adaptation）模型则通过对模型特定层引入低质矩阵来实现高效的局部微调，其模型通常只有几百兆字节。LoRA 模型能够在不显著增加计算成本的前提下，提高模型在人物或场景图像生成上的表现力和精确度，使得生成的人物形象或场景更加自然、生动，丰富了人物表情或场景的细节表现，这对于追求高质量 AIGC 创作的商业设计场景来说具有重要意义。

9.3　LoRA 模型训练工作流

LoRA 模型的训练工作流主要分为 3 部分：前期准备、AI 学习过程和模型产出，如图 9-5 所示。

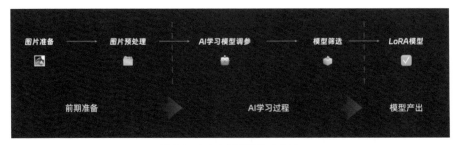

图 9-5　LoRA 模型训练工作流

在"前期准备"中，需要准备训练的原始素材及底图集。一般简单的主体至少需要 15 张图片，而复杂的主体至少需要 100 张图片。在"图片预处理"中，会整理学习集，计算所需的训练步数，并为每张图片添加描述性标签（tags）。在"AI 学习过程"中，需要选择基础大模型和调整学习参数，以及分析结果数据，以此来对比模型结果和反复调整参数，筛选出最佳的训练结果，产出最终符合需求的 LoRA 模型。

9.4　LoRA 模型训练详解

在本节中，将流程化解析人物 LoRA 模型训练的工作流，并在每个步骤后附加关键提示词，帮助读者更好地理解和实践模型训练的每一个环节。

9.4.1　模型训练的前期准备

Step01 新建一个以模型名称命名的文件夹（如 IPYG_LoRA），里面需要包含 image、log 和 model 共 3 个子文件夹。

Step02 在 image 文件夹中再新建一个子文件夹，并以训练步数命名（如 22_IPYG，其中 22 为训练步数）。

Step03 可以拆分出面部、身体姿势等分别训练（如图 9-6 ③建立对应的子文件夹）。注意：每个文件夹的名称格式必须为训练步数 + 下画线 + 自定义名称。一般来说，二次元图像 10 ～ 16 步/张图，写实人物 17 ～ 35 步/张图，场景一般需要 50 步/张图以上的训练，如图 9-6 所示。

图 9-6　前期准备新建文件夹

9.4.2　模型基础形象生成

如上述步骤 03 所讲，训练一个 AI 模型需要大量的原始底图，那么如何从零开始仅利用 AI 能力，而不借助任何 3D 工具，来训练一套人物 LoRA 模型呢？如图 9-7 所示。

首先，需要定义理想的 IP 形象的 AI 生成参数，如人物比例和描述性特征提示词。接着，使用 Midjourney 等 AI 绘图工具生成人物的基本形象。最后，通过提取线框和去除噪点来清晰地定义 IP 形象轮廓特征，并利用 SD 的"图生图"功能加入更多细节，从而生成理想的 IP 形象作为训练底图。

人物基础形象生成的工作流步骤如下。

Step01 在 Midjourney 初步生成的形象上再次生成，加入 Front view、Side view、Three view

等提示词和垫图，生成多视角的人物形象，如图 9-8 所示的 Midjourney 生成人物形象示例。

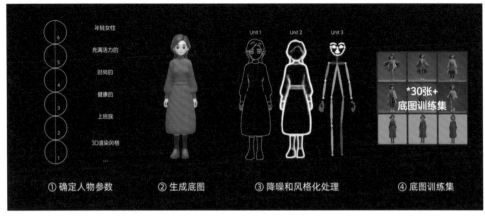

图 9-7　人物基础形象生成工作流

图 9-8　Midjourney 生成人物形象示例

Step02 利用"7.2 ControlNet 控制网络扩展"中学到的知识，对生成的人物形象进行降噪和风格化处理，加入更多细节特征，从而得到更多人物的姿势、表情、服饰等特征。

Step03 选取 10 张全身形象、10 张上半身形象和 10 张面部特征图片，共同构成用于 IP 模型训练的底图集。

9.4.3　SD 图像预处理

接下来，需要对图像进行预处理。回到 SDWebUI 界面，使用 Tagger 提示词生成插件和 SD 的训练模块，处理上一节中生成的底图集。

详细步骤如下。

Step01 下载安装 Tagger 插件，它能识别上传的图像并给出对应的提示词。下载地址：https://github.com/picobyte/stable-diffusion-webui-wd14-tagger.git。安装方法参考 7.2 节。

Step02 下载安装完成后，进入 Tagger 选项卡，在反向推导器（Interrogator）中选择 WD14SwinV2 模型，如图 9-9 所示。

Step03 单击 Interrogate image 即可得到该图片的描述词和权重排序，也可以利用"从目录批处理"功能，批量导出所有底图的描述词。

Step 04 在 9.4.1 节的"前期准备"中新建的 image 文件夹中，新建".txt"文本文件，再把描述词复制进去，待进一步修改和调整，如图 9-10 所示。

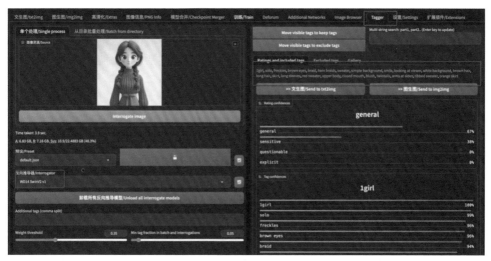

图 9-9　Tagger 反推提示词界面

图 9-10　人物 IP 底图训练集示例

9.4.4　优化描述词和添加触发词

在上一步中，利用 Tagger 插件为底图训练集添加了描述词，基本可以达到 90% 的正确率，但仍需要校验准确性，并在描述词中添加触发词，如图 9-11 所示。

详细步骤如下。

Step01 描述这是一个 3D 渲染的 IP 形象："一位女生的上半身形象，单个人的"，并添加触发词"IPYG young girl\"（利用特殊字符"\"让 AI 理解这不是普通的描述）。注意：添加"触发词"这一步非常关键，是用来调用 LoRA 特征的关键因素之一。

Step02 对人物的服饰进行描述，如"戴着爱心耳环，穿着长袖高领毛衣，红色的百褶裙"等。

Step03 对人物的面部特征进行详细描述，如"面朝前方，大眼睛，棕色头发，微笑，腮红"等。

Step04 对手部特征进行描述，如"双手交叉放在胸前"。

Step05 原始素材都是透明背景，但 AI 是无法学习透明背景的，所以将 PNG 格式转为 JPG 格式，并对空白的背景做了相应的描述，如"简单的，白色的背景"。

按照以上方式，对每张图片进行校验并添加细节，描述得越详细，LoRA 模型就越精细，后续应用中可个性化调控的空间就越大。

图 9-11　优化描述词和添加触发词示例

9.4.5　部署和应用 AI 模型训练工具

完成底图训练集的准备后，就可以正式进入 AI 的学习过程中。

当前，需要使用 Koya_SS 的 WebUI 工具与 AI 算法进行交互，如图 9-12 所示，双击 gui.bat 以启动 Koya_SS 的 WebUI 界面。

图 9-12　Kohya_SS 文件夹启动文件

注意

　　Kohya_SS 下载地址：https://github.com/bmaltais/kohya_ss。Kohya_SS 的部署运行方法与 SDWebUI 基本一致，可以参考"6.1.1　基于 Windows 系统部署"。

9.4.6　选择训练的模型

　　如图 9-13 所示，进入 Kohya_SS 界面后，可以看到顶部包含了 Dreambooth，这是 Checkpoint 模型的训练模块和 LoRA 模型的训练模块，以及"模型融合"模块。如 9.2 节所述，这里选择训练 IP 人物的 LoRA 模型。

图 9-13　Kohya_SS 模型选择设置界面

　　详细步骤如下。

Step01 单击 LoRA 标签，进入 LoRA 模型训练模块。

Step02 选择训练的底模，选择 custom 选项，就能自定义底模的路径。当前使用的是 9.2 节中介绍的 SDXL 模型作为 IP 人物训练的底模。

Step03 找到模型在本地存放的位置，复制文件地址到文本框中。

Step04 选择 SDXL Model 复选框，完成本页的设置。

9.4.7　模型存放路径

接着，需要设定完成训练后模型的存放位置，如图 9-14 所示。在 Folders 文件模块里，链接 9.4.1 节中新建的多个文件夹路径。

详细步骤如下。

Step01 单击 Folders 标签，进入模型存放路径设置。

Step02 设置 Image folder（图像文件夹），填入 9.4.1 节中的 image 文件夹的路径地址，用于保存底图集和对应的描述文本。

Step03 设置 Output folder（产出文件夹），填入 9.4.1 节中的 output 文件夹的路径地址，用于在完成训练后保存 LoRA。

Step04 设置 Logging folder（日志文件夹），填入 9.4.1 节中的 log 文件夹的路径地址，用于保存 AI 学习过程中的日志数据，方便监看学习过程和查看数据反复调整训练参数。

Step05 设置 Model output name（模型输出名），填入模型命名，建议加入版本号，如 IPYG_V1，方便比较和选取最终模型。注意：该名称必须是英文且不能有空格，可以用下画线来连接。

图 9-14　Kohya_SS 模型存放设置界面

9.4.8　Parameters 参数设置

接下来，进入正式调参环节，如图 9-15 所示，可以看到页面中有非常多参数，只需对其中的必要选项进行相应调整即可。

详细步骤如下。

Step01 LoRA type 选项栏，这里选择 Standard（常规）选项，这样有利于之后 LoRA 模型融合的兼容性。

图 9-15　Parameters 参数设置界面

Step 02 选择同时学习图片的张数，张数越多，训练越快，但精细度越低，一般保持在 1 即可。

Step 03 按需选择训练轮数及 AI 学习底图集的次数，学习次数较少可能导致 AI 无法学会，次数较多则可能导致学习过拟合，无法发挥出 AI 的创造力，具体设置影响将在接下来的步骤中详细讲解。

Step 04 设定每轮保存的数量，这里填入 1，即每轮保存一个模型。依据步骤 03 中的设定训练 8 轮，最后就会产出 8 个 LoRA 模型。

Step 05 填入 9.4.3 节的存放提示词的文件格式 ".txt"。

Step 06 训练和保存的精度选择 fp16。

Step 07 填入计算机的 CPU 的核心数，如 16，即 16 核的芯片。

Step 08 优化器选择 AdamW8bit。

Step 09 LR warmup 设置学习预热百分比值，如 15，即前 15% 步为预热训练步数。

Step 10 学习模型选择 cosine with restars，这是一个常用的 AI 学习算法，也可以根据需要选择最佳学习算法，图 9-16 所示为选项中 6 个学习算法的曲线对比。

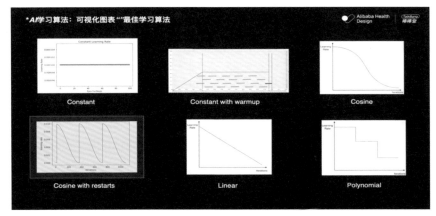

图 9-16　AI 学习算法对比图

- AI 学习算法：图 9-16 所示为常见的学习算法的可视化图表，可以看到不同算法里的学习率会随着学习步数的变化而变化。如果一直保持较高的学习率，则会导致 LoRA 模型训练过拟合，而较低的学习率则会造成欠拟合，当前最推荐使用 cosine with restars 这个学习算法，如图 9-16 中的红框图表所示。

9.4.9　底图尺寸、学习率、图片裁切和精细度参数

下滑后进一步设置参数，如图 9-17 所示。

详细步骤如下。

Step 01 设置学习图片的尺寸，当前设置保持和底模 SDXL 一致，即 1024×1024px。

Step 02 选择 Enable buckets（裁切）复选框，AI 会依据图片内容裁切到 1024×1024px 的尺寸。

Step 03 和 **Step 04** 需要同时设置"文本学习率"和"特征学习率"两个参数，一般文本学习率是特征学习率的 1/2 或者 1/10。当前，也可以用科学记数法来表示 1e-5，也等于 0.00005。

Step 05 模型精细度选择，二次元一般设置为 64 以上，写实照片设置为 128 以上，场景模型设置为 256 以上。

Step 06 Network Alpha 参数与 Step05 模型精细度数值保持一致。

图 9-17　Kohya_SS 参数设置界面

9.4.10　高级选项

如图 9-18 所示，可以配置模型训练过程中的算力占用。如果计算机配置较低，可以进行以下设置。

详细步骤如下。

Step 01 单击 Advanced 标签，进入高级设置模块。

Step 02 如果运行的计算机配置不够，可以选择下面的 3 个选项来提升训练速度。

图 9-18　Advanced 高级选项界面

9.4.11　训练前的参数检查

在开始训练前，可以先单击 Print 按钮，打印参数，如图 9-19 中①所示，检查训练参数设置。

在命令行中可以看到，底图集中有 30 张图，每张图片训练 22 步，一轮训练就是 660 步。一共训练 8 轮，每轮保存一个模型，那么总步数就是 660×8，即 52800 步，预热总步数是 528 步。

图 9-19　Print 检查训练参数界面

最后，单击 Start training 按钮，即可开始训练。开始训练之后命令行中会显示总耗时，如图 9-20 中①所示，完成 8 轮训练，需要等待 21 小时 23 分钟。

同时，命令行中会显示训练的损失值，如图 9-20 中②所示，其是 AI 对训练的模型参数和素材的评分。

注意

一般维持在 0.1 附近最优，但并不绝对。最终是否采用该 LoRA，需要对比模型的生图效果来确认最终版本。

图 9-20　模型训练过程进度界面

- log 数据板：能够帮助用户根据数据反馈调整参数，并完成多版本迭代。单击图 9-19 中的 Start tensorboard 按钮，打开看板，即可看到实时的训练数据，对比不同参数下的数据反馈，有助于用户做出及时调整，并选出最佳的 LoRA 模型，如图 9-21 log 数据看板图表中的红框所示，训练中的学习率曲线与图 9-16 中选择的 cosine with restarts 学习算法曲线一致。

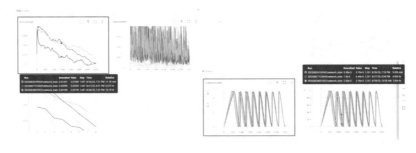

图 9-21　log 数据看板图表

9.4.12　选出最优模型版本

在这次 IP 人物模型训练过程中，共训练了 6 个版本、42 个 LoRA 模型，如图 9-22 所示。当前尝试了使用多个 SD 大模型的版本，前 4 个版本使用 SD 1.5 和 SD 2.1 作为底模训练，后两个版本使用 SDXL 作为底模训练。

随着 SD 底模的迭代升级，通常选择当前最优底模及 SDXL 二次训练出来的 LoRA 模型。也可以利用 SD 的插件功能来对比这些模型之间的差别，如即将讲到的"模型多版本对比"方法。

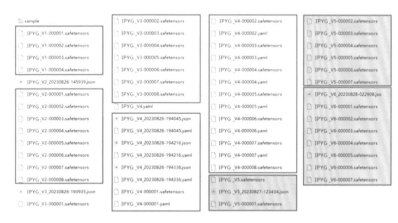

图 9-22　多版本 LoRA 模型示例图

- 模型多版本对比：当前用到了 SDWebUI 的 Additional Networks 插件和脚本自动化的方法，来对比不同模型版本训练出的 LoRA 在不同权重下生成图像的质量，如图 9-23 红框所示。

图 9-23　Additional Networks 设置界面

9.4.13 "渐进式训练法"迭代模型

AI 模型生图的质量，很大程度上取决于训练时使用的底图集的质量。若底图数据集仅包含 20 ～ 30 张图片，那么这对于训练出高质量的模型来说是远远不够的。因此，这里采用了"渐进式迭代"的训练方法，逐步提升底图训练集的数量和质量。

首先，使用初始的 30 张图进行第一轮训练，训练完成后，利用产出的模型通过文生图技术生成更多底图，这些底图涵盖不同的景别（如全身、半身或头像）、不同角度（如正面、侧面或背面）、不同动态，以及各种服饰、表情和画面光影。

随后，依据评审测试筛选出高质量的结果，进一步扩充底图集。经过 4 轮迭代，单个模型的底图集可以扩增至 120 张以上，从而确保模型具有更优的泛化性、更强的可控性、更好的可扩展性及角色的一致性，如图 9-24 所示。

图 9-24　渐进式训练法工作流

最后，通过对比多个版本的 LoRA 模型生成的图像效果及各自的模型权重，可以发现将"模型权重参数"设定在"0.8 ～ 1"范围时，第 6 版模型（IPYG_V6）在人物还原度和泛化性上表现最佳，如图 9-25 所示。

图 9-25　IPYG_V6 模型生成 IP 形象示例

因此，选择 IPYG_V6 作为人物 LoRA 模型的最终版本，如图 9-26 所示。至此，LoRA 训练工作流程就顺利完成了。

图 9-26　IPYG_V6 最终 LoRA 模型

9.5　LoRA 模型应用：营销海报实战

参照 6.2.6 节中的 LoRA 模型装载方法，将训练完成的 IP 人物模型添加到 SDWebUI 中，便可以依据不同的业务需求，使用这套特定的人物模型，稳定地输出订制化的 IP 形象，并结合不同造型和氛围，完成不同的营销场景搭建。此外，还可以将生成的图像沉淀储备下来，用于人物素材库和模型的持续迭代。只需跟随以下简单的 3 步，即可完成一张大型促销活动 IP 营销海报的制作。

9.5.1　IP 人物形象生成

这是一次"三八"妇女节的营销活动实例。首先，希望通过 IP 形象营销拉近与用户的距离。设想一个年轻女性的形象：她微笑着，穿着粉色裙子和长袖上衣，单手捧着一束花看向观众，如图 9-27 所示的 SDWebUI 设置界面。在"文生图"提示词框中，填入 IP 模型的触发词 IPYG young girl\，并设置 LoRA 模型权重为 0.8。

输入正向提示词："IPYG young girl, a 3D rendered virtual IP image, 1 girl, round face with big eyes, solo, kind smile, pink skirt, pink top, large skirt hem, long hair, curly hair, white background, one handed bouquet of flowers, LoRA:IPYG_V6:0.8"。

输入反向提示词："(NSFW:0.9), (worst quality:2), (low quality:2), (normal quality:2), lowers, normal quality, ((monochrome)), ((grayscale)), skin spots, acnes, skin blemishes, age spot, (ugly:1.331), (duplicate:1.331), (morbid:1.21), (mutilated:1.21)"。具体的其他参数设置如图 9-27 所示。

图 9-27　SDWebU 参数设置

经过多次生成和筛选，即可得到所需要的人物形象，如图 9-28 所示。

图 9-28　生成的 IP 人物形象

9.5.2　氛围场景生成

在氛围场景的生成过程中，应用前面所学的 Midjourney 方法，快速生成与人物 IP 色调一致的营销海报背景图。期望的背景包括粉色的花朵、草地和蓝天，整体色彩清新。

输入提示词："There are small pink flowers and grass at the bottom, and a blue sky with white clouds at the top, the colors are fresh, C4D style, octane rendering --s 750 --style raw --ar 2:3"。背景图的生成效果如图 9-29 所示。

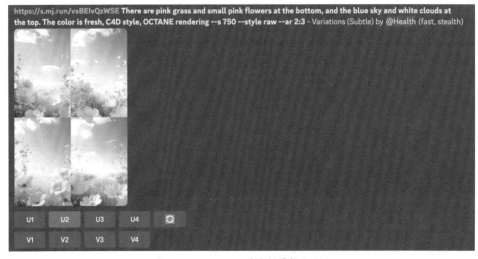

图 9-29　Midjourney 生成场景氛围示例

单击 U2 按钮，然后再单击 Upscale（Subtle）按钮稳定地放大图像，以满足自己的需要，如图 9-30 右侧所示。

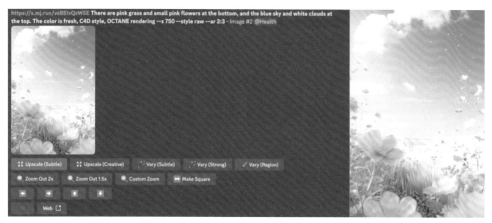

图 9-30　放大后的场景氛围图

9.5.3　合成与排版

将生成的人物 IP 形象与背景氛围结合，并添加相应的营销主题字体设计和排版，完成最终"3.8 女王节大促"海报效果，如图 9-31 所示。

通过 AI 模型的应用，能够在数小时内完成整套海报的生成和设计，大大提升了设计效率和质量。

图 9-31　"3.8 女王节大促"海报设计

随着"第 9 章 SD 模型训练"的结束，至此，就圆满完成了整个 AIGC 设计之旅。在本章中，深入探讨了 SD 模型训练的各个环节，从底图准备到数据调参再到模型调优，每一步都是对 AIGC 理解和创造力的挑战。

希望本书不仅为读者提供实用的知识和技巧，更重要的是，激发读者对 AI 艺术和商业设计的热情。记住，每个人都可以成为 AI 设计的创作者。只要不断实践，敢于创新，就一定能在这个充满无限可能的新领域中找到属于自己的一席之地。

感谢你的陪伴，在 AI 的奇妙世界中，期待我们的再次相遇！